中国燃煤电厂大气重金属
排放趋势及减排策略

李佳硕　郭亚琴　著

山东大学出版社
SHANDONG UNIVERSITY PRESS

·济南·

图书在版编目(CIP)数据

中国燃煤电厂大气重金属排放趋势及减排策略 / 李
佳硕,郭亚琴著. — 济南:山东大学出版社,2024.6
ISBN 978-7-5607-8160-0

Ⅰ.①中… Ⅱ.①李… ②郭… Ⅲ.①燃煤发电厂－
重金属污染－污染控制－研究－中国 Ⅳ.①X773

中国国家版本馆 CIP 数据核字(2023)第 257493 号

责任编辑 宋亚卿
封面设计 王秋忆

中国燃煤电厂大气重金属排放趋势及减排策略
ZHONGGUO RANMEI DIANCHANG DAQI ZHONGJINSHU
PAIFANG QUSHI JI JIANPAI CELÜE

出版发行	山东大学出版社
社　　址	山东省济南市山大南路 20 号
邮政编码	250100
发行热线	(0531)88363008
经　　销	新华书店
印　　刷	山东蓝海文化科技有限公司
规　　格	720 毫米×1000 毫米　1/16
	12.75 印张　202 千字
版　　次	2024 年 6 月第 1 版
印　　次	2024 年 6 月第 1 次印刷
定　　价	56.00 元

前　言

　　大气重金属污染由于其高毒性、长距离迁移性和持久性等特点，被视为全球生态环境和国民健康面临的重大威胁。中国是全球大气重金属污染最严重的国家之一，其中燃煤电厂是中国人为大气重金属的重要排放源。近年来，我国针对燃煤电厂实施了一系列清洁改造措施，如超低排放改造、"上大压小"等，取得了显著的大气重金属减排效果。然而，我国仍面临着较大的燃煤电厂重金属减排压力。一方面，煤电作为我国能源安全稳定供应的"压舱石"和"稳定器"，我国以煤电为主导的电力结构在短期内难以发生根本改变；另一方面，中国燃煤电厂数量庞大且设计寿命年限较长，其在运行周期内对重金属排放有"锁定效应"。我国高度重视重金属污染防治工作，并于2011年发布了《重金属污染综合防治"十二五"规划》，提出了"切实抓好重金属污染防治，保护群众身体健康，稳步推进重金属污染防治工作"的总体要求，并作为首批缔约国签署了联合国主导的《关于汞的水俣公约》。在此背景下，持续推进燃煤电厂重金属减排对内是我国建设"美丽中国"的必然要求，对外则是履行国际公约义务、展示负责任大国国际形象的重要窗口。

　　鉴于此，本书开展了中国燃煤电厂大气重金属排放趋势及减排策略研究。首先，编制了高分辨率点源燃煤电厂重金属排放清单，识别了重金属排放特征；其次，从生产和消费等不同视角评估了大气重金属排放责任,追踪了排放转移路径,揭示了影响大气重金属排放的关键社会、经济、政策和技术驱动因素;最后,通过对减污降碳政策开展情景设计,探寻了因地制宜的燃煤电厂重金属减排策略。

具体来看,本书共分为 7 章:第 1 章对国内外关于重金属排放研究现状进行了详细总结,梳理了目前燃煤电厂相关大气重金属减排的研究重点和不足之处;第 2 章通过收集整理多个数据库、已有文献及企业环评报告,构建了中国 2005—2020 年电厂级精细化参数数据库(包括装机容量、发电量、发电煤耗、煤耗量、机组位置、污控设备、投产时间、退役时间等),并利用该数据库编制了生产视角下电厂级的大气重金属排放清单;第 3 章以大气汞排放为例,结合生产视角下的大气重金属排放清单和多区域投入产出模型(multi-regional input-output,MRIO),核算了消费视角下省级、部门级的隐含大气重金属排放清单,揭示了隐含排放的区域流动路径;第 4 章则基于第 2 章和第 3 章内容,核算了各省区在"共担责任"原则下应承担的大气重金属减排责任,并对比了不同视角下的省级大气重金属排放;第 5 章以大气汞排放为例,利用结构分解分析(structural decomposition analysis,SDA)模型和对数平均迪式指数法(logarithmic mean Divisia index,LMDI),对国家级、省级、城市级生产和消费视角下的大气重金属历史排放趋势开展了驱动因素分解分析,识别了拉动/抑制大气重金属排放的关键因素;第 6 章依据我国"减污降碳、协同增效"政策和前述所识别的影响大气重金属排放的关键因素,设计了不同政策组合下的大气重金属协同减排路径,模拟了电厂级大气重金属排放趋势。全书力图通过对大气重金属历史排放清单的分析,揭示中国燃煤相关大气重金属污染现状和驱动因素,从而为大气重金属污染控制决策提供依据。希望本书的出版能够为读者了解中国燃煤电厂大气重金属排放及未来可能的减排路径提供帮助,推动该方向的深入研究。

本书由李佳硕负责总体框架、进度把控和校正定稿工作,郭亚琴负责数据收集、模型计算、结果整理和具体撰写工作。同时,感谢彭焜、肖琳、周宇燃、周思立、张鹏飞、付娆、陈焕新、闫柳在书稿成稿过程中的贡献,感谢李雪莉和郭亚庆在书稿写作过程中给予的鼓励,感谢山东大学出版社编辑宋亚卿对本书在立项和出版的各个环节提供的帮助。

本书涉及的主要内容和研究成果,得到了国家自然科学基金的资助,在此表示感谢。同时,感谢华中科技大学能源与动力工程学院、华中科技大学经济学院、中国电力企业联合会等单位在相关研究中的大力支持。

大气重金属排放及污染的相关研究是我国大气环境科学研究的热点和难点,涉及多学科的复杂问题。受研究条件、研究时间以及作者能力所限,书中可能存在疏漏和不足之处,敬请各位读者批评指正。

作　者

2023 年 12 月 8 日

目　录

第1章 大气重金属排放概述

1.1 大气重金属排放现状及危害

  重金属[一般指汞(Hg)、铅(Pb)、镉(Cd)等金属元素及砷(As)、硒(Se)等准金属元素]污染由于其高毒性、不可降解性和生物富集性等特征(见图1.1),近年来受到国际社会的广泛关注[1],世界卫生组织(World Health Organization,WHO)和联合国环境规划署(United Nations Environment Programme,UNEP)将其列为全球生态环境和人类健康面临的重大威胁[2,3]。根据是否人为可控,重金属的排放源分为自然来源和人为来源(见表1.1)。自然来源主要包括火山喷发、矿物退化、地壳运动、土壤蒸发、水面蒸发等自然现象。自然现象发生的偶然性限制了自然来源排放量的可衡量性。此外,自然来源的排放量在重金属的全部排放量中仅占极少数,而且人为可控性低,所以本书研究主要集中于人为来源的重金属排放。人为来源的排放是指人类进行生产活动产生的排放,包括投料过程、产品制作和废物处理三部分。其中,投料是指在生产过程中投入生产所需的原料。投料过程产生重金属排放是由于原料中含有重金属杂质,生产过程中的物理、化学反应使得原料中的重金属被释放,如煤炭燃烧产生的排放。产品制作主要指含重金属产品的制造。废物处理是指工业和生活固体废物的处理,主要通过垃圾焚烧的方式进行。在废物处理过程中,废物中的重金属杂质在燃烧过程中被释放。

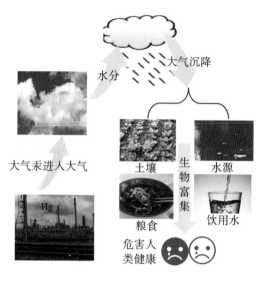

图 1.1　大气汞在环境中的迁移转化和生物富集过程

表 1.1　重金属的排放源

自然来源		火山喷发、矿物退化、地壳运动、土壤蒸发、水面蒸发等自然现象
人为来源	投料过程	燃煤发电、供热、采矿等生产活动
	产品制作	重金属开采、皮革生产、电镀、含重金属产品生产等
	废物处理	焚烧、堆填等

从地理位置看,全球重金属污染主要集中在亚洲,尤其是中国。以汞排放为例,联合国环境规划署发布的《2018 年全球汞评估》(Global Mercury Assessment 2018)报告指出,2015 年我国人为大气汞排放量约为 720 t,约占全球大气汞排放总量的 30%,居全球第一[3]。1949—2012 年,我国 12 种典型有害重金属的大气排放量增长了 22～128 倍[4]。大气重金属排放在我国引发了一系列环境"公害"事件,不仅影响经济的持续发展,对人类健康也产生了严重的危害。据研究,仅 2010 年,我国就发生了 14 起重金属污染事件,其中摄入过量甲基汞造成 7 360 例心脏病死亡病例[5],沈阳市空气中铅的浓度过高导致儿童铅中毒流行率达

51.6%[6,7]。另外,自然资源部指出,我国每年有 1.2×10^7 t粮食遭到重金属污染,直接经济损失超过 200 亿元。

为应对重金属污染这一重大威胁,环境保护部会同有关部门在 2011 年编制了《重金属污染综合防治"十二五"规划》,提出了"切实抓好重金属污染防治,保护群众身体健康,稳步推进重金属污染防治工作"的总体要求,并将汞列为重点管控的重金属;生态环境部在 2022 年发布《关于进一步加强重金属污染防控的意见》,要求"到 2025 年,全国重点行业重点重金属污染物排放量比 2020 年下降 5%……到 2035 年……重金属环境风险得到全面有效管控"。此外,作为首批缔约国,我国在联合国主导下签署了《关于汞的水俣公约》,旨在使人类健康和环境免受汞污染的毒害。

燃煤电厂(coal fired power plant, CFPP)是我国大气重金属的重要排放源之一[8-10]。2005—2010 年间,我国燃煤电厂排放至大气中的 As、Se、Pb、Cd、铬(Cr)等重金属总量达 1.71×10^4 t[4,11],约为欧洲年均排放量的三倍[12,13]。此外,从部门来看,燃煤相关的大气重金属排放量占全国大气重金属总排放量的 43.79%[14],其中约一半排放来自燃煤电厂[15]。近年来,我国针对燃煤电厂实施了一系列清洁改造措施,如"上大压小"、超低排放和节能改造等,取得了显著的大气重金属减排成效[16-18]。然而,在未来一段时间内,我国仍面临着较大的燃煤电厂重金属减排压力。一方面,煤电作为我国能源安全稳定供应的"压舱石"和"稳定器",我国以煤电为主导的电力结构在短期内难以发生根本改变[19,20];另一方面,中国燃煤电厂数量庞大且运行年限较长,其在运行周期内对重金属排放有"锁定效应"[21-24]。在此背景下,持续推进燃煤电厂大气重金属减排对内是我国建设"美丽中国"的必然要求,对外则是我国履行国际公约义务、展示负责任大国国际形象的重要窗口[25,26]。图 1.2 示意了 2015 年我国 13 种重金属的分部门来源情况。

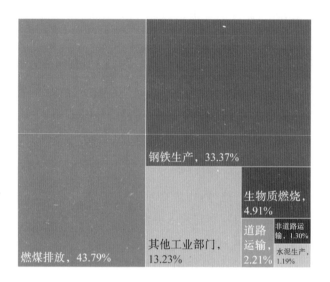

图 1.2   2015 年中国 13 种重金属分部门来源

我国燃煤电厂具有分布区域广、装机容量差异明显、发电技术和污染物控制技术种类多等特点[27,28],导致其重金属排放存在极大差异。因此,有必要编制高分辨率点源电厂重金属排放清单,识别重金属排放特征,追踪其排放演化趋势,为制定合理的减排策略奠定数据基础。此外,我国区域贸易往来频繁,产业分工不断细化。在贸易和消费活动驱使下,大气重金属排放可以跨越地理限制,随着产品和服务的交换在不同区域和产业之间流动,导致排放在空间上出现了转移,这使得重金属减排责任的划分变得复杂[29]。比如,A 地区逐步关停了所有燃煤电厂,通过进口 B 地区的煤电来代替本地生产,以减少 A 地区的重金属排放,但 A 地区减少的重金属排放并未凭空消失,而是通过电力贸易转移到 B 地区。传统的基于生产者视角的责任分配原则,由于只关注地理边界内的直接排放,不仅会忽视贸易和消费活动引起的排放转移,导致出现责任分配不公平的后果,亦无法约束由消费者引致的间接排放[30]。在实际生产中,承接高耗能、高排放产业的地区有时污染物排放标准相对宽松,技术水平较为落后,这会导致大气重金属排放出现"此降彼升"的尴尬局面,阻碍国家或全球整体减排目标的实现。因此,有必要从生产和消费等不同视角评估大气重金属排放责任,追踪大气重金属排放转移路径和最终消费者责任,为制定更加公平合理的排放责任分配方案提供科学依据。此外,大气重金属排放会受到能源消费总量、产业结构、生产技术、污染物控制设施比例等多种因素的影响。比如,我国燃煤电厂目前尚未广泛安装专门脱除大气重金属的末端治理措施,大气重金属减排主要依靠常规空气污染物控制设备(脱硫、脱硝、除尘)的协同减排效应,污染物控制措施对燃煤电厂的大气重金属排放具有重要影响[23]。因此,有必要准确把握各类因素对大气重金属排放变化的影响程度和方向,识别影响大气重金属减排的关键因素,为制定有针对性和可操作性的大气重金属减排策略提供参考。同时,在"碳中和"背景下,能源结构转型和电气化等政策也会深刻影响燃煤电厂大气重金属排放格局。综合评估不同政策组合下我国不同地区燃煤电厂低碳发展路径,研判不同路径下大气重金属排放趋势和减排潜力,有助于因地制宜制定差异化的控制策略。

鉴于此,本书依托排放因子核算、蒙特卡罗模拟、环境投入产出分析、指数分解分析、结构分解分析和情景分析等方法模型,编制中国燃煤电厂的高分辨率时间序列大气重金属排放清单,设计公平合理的区域减排责任划分模型,从生产和消费两个视角探讨大气重金属排放变化的关键驱动因素,评估多政策组合情景下燃煤电厂大气重金属的减排潜力,探明微观尺度(此处"微观尺度"是一个相对概念,是相对于全球级、国家级、区域级、省级或城市级而言)点源燃煤电厂大气重金属协同控制路径,结合实证研究结果为我国各燃煤电厂提出精准科学防治大气重金属污染的减排策略。因此,本书从理论上可为全面认识中国燃煤电厂大气重金属污染现状及未来减排路径提供数据依据和模型参考,从实践上可为不同区域乃至单个电厂制定大气重金属减排策略提供路径选择。

1.2　生产视角下大气重金属排放核算方法

准确的大气重金属排放清单是识别重点排放源、探究排放变化的驱动因素、开展重金属污染治理科学决策的基础。目前,对于单个生产单位的大气重金属排放核算,主要采用实测法,实测法获取数据准确,但成本

较高,难以在全国推广应用。因此,对于生产视角下大尺度的大气重金属排放核算,主要使用排放因子法[16],其基本公式如下:

$$M_{ij} = F_{ij} \cdot C_{ij} \tag{1.1}$$

式中,i 代表某个区域;j 代表消耗的能源种类;M_{ij} 表示地区 i 消耗能源 j 所产生的环境排放;F_{ij} 表示地区 i 消耗的能源 j 的环境排放因子;C_{ij} 表示地区 i 中能源 j 的消耗量。

早期对生产视角下的大气重金属排放的研究主要聚焦于宏观尺度(此处"宏观尺度"是一个相对概念,是相对于点源燃煤电厂级而言,具体指全球级、国家级、区域级或省级),如全球尺度或国家尺度等。Niagu 和 Pacyna[31]编制了 1983 年全球尺度下 Hg、Pb、Cr 等 16 种重金属的排放清单,证实了燃煤是重要的重金属排放源。但是,该研究假设不同国家同一部门的排放因子是相同的,这忽略了不同国家原料和技术水平的差异,导致重金属排放核算结果存在较大误差。Pacyna 等[13]依据联合国欧洲经济委员会发布的大气排放核算指南,对发达国家和发展中国家金属冶炼行业等的排放因子进行了一定差异化的核算,并将全球重金属排放清单更新至 1995 年,该研究提升了全球重金属排放清单的准确度。

以上研究都是基于单一年份获得的排放清单,由于前后研究清单参数来源及核算维度的差异,上述研究无法识别重金属排放的时间变化。还有一些学者聚焦于某一种重金属排放的时间序列清单。一些研究者基于大量实验所得的重金属释放率、脱除效率等一手参数数据库,分别计算了欧洲、北美洲和亚洲等六大区域 18 种排放源的长时间序列汞排放因子,描述了不同时间区间的人为汞排放趋势,并首次核算了煤炭燃烧和金属冶炼过程中排放的水体汞和土壤汞[13,32-34]。Tian 等[35]建立了燃煤电厂大气锑(Sb)排放因子概率模型,综合考虑煤炭中重金属含量、燃烧释放率、污控设施脱除等对重金属排放的影响,编制了 1995—2010 年的人为来源大气锑排放清单,发现亚洲和欧洲分别贡献了 57% 和 24% 的大气锑排放量。以上重金属排放清单多基于部门排放因子,具有很大的不确定性,因此无法反映我国重金属排放的时空差异。

上述研究有一个共同的结论:煤炭燃烧,尤其是燃煤电厂,是主要的重金属排放源之一。中国是世界第一大煤炭消费国,其中超过一半的煤炭消耗来自燃煤电厂。因此,中国燃煤电厂的重金属排放成了众多研究的焦点。基于此,一部分学者重点研究了与燃煤相关的大气重金属排放清单及其不确定性,如汞排放[36]、铅排放[37]、砷排放[38]等。其中高炜等[36]基于已有文献调研,归纳了1980—2007年中国Hg、Pb、As这3种与燃煤相关的大气重金属排放,发现其排放量和燃煤量增长趋势呈现显著正相关,其中燃煤电厂是大气重金属排放的重点来源。Tian等[4,39]结合bootstrap模拟和煤炭运输矩阵建立了煤炭重金属含量的计算模型,考虑了煤炭的跨区域运输对重金属含量的影响,同时整理了锅炉类型、污染物脱除技术等基础参数,核算了1949—2012年期间中国Hg、As、Se、Pb、Cd和Cr等12种重金属的人为来源的大气排放量,发现2010年超过60%的大气重金属排放量来自煤炭燃烧,并且指出中国人为大气重金属排放量在不断增长。Cheng等[15]编制了2000—2010年中国主要人为排放源的5种大气重金属排放量自下而上的清单,包括Hg、As、Pb、Cd和Cr,发现重金属总排放量呈现出逐渐增加的趋势,且燃煤是大气重金属的主要排放源。Wu等[40]基于不同行业技术水平的发展变化,利用14个部门的动态排放因子编制了中国1978—2014年大气汞排放清单,发现燃煤电厂在2005年取代工业锅炉成为中国最大的人为大气汞排放源。但是,上述研究均属于宏观尺度下的大气重金属排放清单研究,只区分了中国不同行业排放因子的差别,未能反映中国大气重金属排放变化的空间差异。同时,技术参数和截止年份数据较为陈旧,不能反映目前中国大气重金属排放的变化规律。以上研究虽然指出了燃煤是大气重金属的主要排放源之一,但是其掩盖了各燃煤电厂重金属排放的特征差异,无法为局部环境污染模拟和评估提供数据支撑,更无法满足政府制定精细化、差异化的重金属减排策略的需求。

针对宏观尺度研究的不足,部分学者开始尝试编制微观尺度下部分重金属的排放清单[41]。Tian等[42]评估分析了中国30个省份4个燃煤部门在1980—2007年产生的Hg、As、Se的排放量,并且绘制了分辨率为1°×1°的2005年省级排放的网格分布图。Cheng等[15]将2010年Hg、As、Pb、Cd、Cr这5种重金属的排放量分配到0.5°×0.5°网格单元,以GDP(国内生产总值)和人口作为替代指标,展示了大气重金属排放的空间分布特征。Huang 等[43]采用自下而上的方法,构建了 1998—2010 年中国工业重金属排放的高分辨率网格数据集(1 km×1 km),结果发现环境影响较大的区域主要位于珠江三角洲、长江三角洲和湖南省。以上网格化清单设置了一定的模拟假设条件,具有很大的不确定性。因此,也有少数研究者对大气重金属排放进行了点源级核算。Zhu 等[44]详细调研了 148 个燃煤电厂和 398 个其他重点排放源的具体参数,编制了京津冀地区 1980—2012 年的高分辨率重金属排放清单,发现北京是锑排放量最大的城市,而其余 11 种微量元素排放量最多的城市都是唐山。另外,Zhou 等[45]编制了"十二五"期间关停点源电厂的 6 种重金属排放清单,结果表明关停小火电机组可以有效减少重金属排放。Chen 等[46]通过质量平衡法编制了 2017 年安徽省燃煤电厂 F(氟)、As、Se、Cd、Sb、Hg、Pb、U(铀)完整的排放清单,并指出排放系数是本清单中不确定性的主要影响因素。车凯等[47]测算了石家庄地区 6 座燃煤电厂的 7 种大气重金属的排放,发现每年的排放总量在 33.56~275.71 kg 之间。左朋莱等[48]测算了 7 台 12 MW 的燃煤机组烟气中的 Hg、Pb、Cr、As 的排放浓度,并分析了其排放特征。

然而,生产视角下微观尺度的大气重金属排放清单大多仅关注单一年份个别区域的少数电厂或少数几种大气重金属的排放,难以反映中国数量庞大的燃煤电厂重金属排放全貌,也无法揭示大气重金属排放的时间和空间演化规律,不利于准确识别中国燃煤电厂整体大气重金属排放现状和重点排放源。另外,上述研究的核算方法和参数来源具有一定差异,因此不同清单在时间和空间上不具有可比性,从而无法准确对比分析影响中国大气重金属排放变化的内在驱动因素,不利于后期评估不同减排政策的减排效果。因此,有必要开展微观层面的大气重金属排放核算,以满足精准化大气重金属减排策略需求。

1.3　消费视角下大气重金属排放核算方法

厘清区域贸易带来的排放责任是有效落实减排政策,规避"排放泄漏"的必要方法[30]。由于"生产者责任"原则忽略了贸易对污染排放的转移,因此很容易导致"排放泄漏""污染转移"和"此降彼升"等问题[29,49-52]。比如2020年内蒙古的发电量为$5.633\,8\times10^{11}$ kW·h,但是其电力消费量只有3.9×10^{11} kW·h[53],也就是说2020年内蒙古约有1.8×10^{11} kW·h的电力净出口量,该部分电力由内蒙古生产,但由京津冀地区及周边城市消费。因此,在"生产者责任"原则下,生产该部分电力产生的污染排放将由内蒙古承担,这导致京津冀等地区的电厂排放强度相对于内蒙古更低。上述行为虽然减少了京津冀地区的污染排放,但对于中国整体而言,排放量只增不减。

因此,为将通过贸易转移所产生的隐含排放纳入责任分配,越来越多的学者开始提倡将投入产出分析方法(input-output analysis,IOA)应用到环境排放核算和资源消耗核算中。投入产出分析最早由经济学家华西里·列昂惕夫(Wassily Leontief)在20世纪30年代提出[54],随着后续发展,被应用到资源消耗和环境污染排放的分析当中[55-57]。近年来,越来越多的文献将投入产出分析用于核算经济活动产生的环境代价,并称之为"环境扩展投入产出分析"(environmentally-extended input-output analysis,EEIOA)[58],即将投入产出理论中货币形式的总产出和最终需求之间的映射关系直接改写成基于环境代价的形式,从而计算用于满足最终需求的资源消耗或污染排放。这种核算方法认为消费行为是造成污染排放的主要驱动力,即消费者应对生产过程中的污染排放负责,称为"消费者责任"原则[59,60]。这种方法可以避免某个区域排放减少是以其他区域排放增加为代价的污染排放恶性转移问题,这在区域贸易日益频繁的背景下显得尤为重要[61-63]。许多学者借助"消费者责任"原则评估了中国的消费、投资和产业结构等因素对本国碳排放[60,64-66]、$PM_{2.5}$[67-69]、二氧化硫(SO_2)[70,71]等常规大气环境排放,以及能源利用[72]、土地资源利用[73-75]、水资源利用[76,77]等的影响。上述结果还表明消费视角下中国的环境排放或能源消耗在不同地区显现出巨大差异,且不同年份之间也存在差异,部分研究还发现固定资产投资是中国大量资源消耗和污染排放的主要驱动力。

目前,针对"消费者责任"原则下大气重金属排放的相关研究大多从宏观尺度展开分析[78-80]。在全球尺度下,Liang等[81]基于全球多区域投入产出（MRIO）模型核算了 2005 年和 2010 年全球主要国家的隐含大气汞排放量。Chen 等[82]核算了消费视角下全球 186 个经济体能源活动引起的大气汞排放量。Hui 等[79]研究了全球主要国家的消费对中国大气汞排放的贡献，发现中国汞排放中 33% 是由其他国家的消费造成的。在省级尺度下，Zhang 等[83]结合省级尺度 5 种重金属（Hg、Cd、Cr、As、Pb）排放清单及多区域投入产出模型，计算了中国 30 个省份在消费视角下的隐含 Hg、Cd、Cr、As、Pb 的排放量，发现发达省份（如广东、江苏和浙江）通过消费金属产品，间接在有色金属产量丰富的省份造成了大气重金属排放。Liang 等[84]计算了 2007 年中国各省份消费视角下的大气汞排放量。Wang 等[85]基于中国多区域投入产出模型和中国省级大气铅排放清单，评估了 2012 年省际贸易对中国大气铅浓度的影响，研究发现发达的东部地区（京津和长江三角洲地区）与中国南部沿海地区分别约有 57.4% 和 72.6% 的铅排放通过贸易转移给其他地区。在城市尺度下，Li 等[86]利用系统投入产出法核算了北京市与能源相关的大气汞排放量，发现区域贸易对北京的隐含大气汞排放有重要贡献。Zhong 等[87]研究了 2010 年江苏省 0.05°×0.05° 的高分辨率汞排放清单，结果发现 2010 年江苏省的人为汞排放量大约为 39 105 kg。

以上研究均从消费者视角对中国不同尺度的大气重金属排放进行了分析，并解析了中国省际贸易对少数种类重金属排放的影响。但是，上述研究大多聚焦于省级尺度下的重金属排放清单核算，未能分辨省份内部不同部门之间在消费视角下的表现差异，也未能说明省份内部不同最终消费种类的差异和年度变化。针对消费视角下煤电等大气重金属排放重点行业的研究尚显不足。需要指出的是，"消费者责任"原则也可能导致污染排放的生产者缺乏升级减排技术的积极性，以及消费者难以自觉履行减排责任等问题[88,89]。

1.4　排放责任划分研究进展

已有研究大多从单一视角出发，据此划分的减排责任也有失公允，严重影响责任分摊的公平性和合理性，降低减排效率，同时还可能导致区域发展失衡,阻碍国家整体重金属减排目标的实现[88]。因此,针对单一视角原则下排放责任分配存在的局限性,有学者提出了"共担责任"(shared responsibility)原则。"共担责任"原则能够使得排放净流入和排放净流出的省份合理承担相应的排放责任,也可以促进供应链上的各方参与者积极参与污染减排行动。因此,相对于单一视角的责任分摊,"共担责任"原则的公平性更高[90]。

"共担责任"原则目前主要应用于碳排放责任划分[88,91-96]。在全球尺度下,Zhu 等[97]提出了一个基于碳排放强度建立的分摊责任机制,并且结合该模型及 2011 年世界碳排放数据库,说明在该机制下中国由于技术水平低导致生产效率低、碳排放强度高,因此,在全球供应链中应该承担最大的碳减排责任,高达 32%;美国和欧盟由于消费水平高而紧随其后,分别承担了全球碳减排责任的 13.2%和 11.3%。在国家尺度下,Andrew 等[98]研究了新西兰在"共担责任"原则下温室气体排放责任划分,发现其中 44%属于生产者责任,28%属于消费者责任,剩余的应由进口国家承担。Cadarso 等[91]定义了"共担责任"原则的标准,并利用 2000—2005 年西班牙经济数据和碳排放清单数据,证实了将供应链上所有参与者纳入碳减排责任管理体系有助于确定合理的经济政策。汪臻等[99]从受益公平和总体减排有效性出发,建立了中国区域间碳排放责任分摊模型。基于该模型,赵慧卿等[100]具体核算了 2007 年各区域碳减排责任分摊比重,并在此基础上将中国 2020 年减排目标逐年进行区域分摊。赵定涛等[89]对中国出口贸易的三大重点行业进行了共同责任实证测算分析,结果表明中国作为出口国只需要承担 50%~80%的碳排放责任,其余责任应由相应的进口国也就是产品的消费者来承担。Chang[101]通过调整边境税收设计构建了一个碳排放责任分摊机制,使"共担责任"原则和边境碳税相辅相成,并且基于中国在 2007 年的相关出口数据,证实在该框架下,中国的碳排放责任会减少 11%,从部门来看,纺织业的碳排放责任减少了 60%。省级尺度下也有一部分学者进行了一定研究,如付坤等[102]基于"共担责任"原则,结合电力跨区交换,核算了"共同责任"原则下中国在 2011 年的省级电力碳排放责任分摊结果,研究结果表明在"共担责任"原则下,中国主要电力生产省份的碳排放责任减少了 10%以上,而一些电力消费省份的电力碳排放责任则增加了 20％以上，净调入电力排放量最大的 6 个省份(河北、北京、广东、辽宁、山东和江苏)在"共同责任"原则下的排放责任占全国的 71.44％。

但是，大气重金属和温室气体在排放特征方面具有明显差别，而目前尚未有研究根据"共同但有区别"排放责任划分原则对中国区域间大气重金属排放责任进行划分。在中国，欠发达地区的重金属排放强度不断增加，但是发达地区通过产业转移，使得大气重金属排放量逐渐减少。因此，基于"共担责任"原则视角开展中国不同省区大气重金属排放责任研究，可以有效弥补单一核算视角的不公平和不合理之处，也可以为推动重金属减排工作提供新思路，还可以为政策制定者制定公平合理的大气重金属减排政策提供理论和方法依据。

1.5　大气重金属排放变化驱动因素的分析方法

1.5.1　生产视角下大气重金属排放变化驱动因素的分析方法

明确生产视角下大气重金属排放变化的驱动因素及其演化，辨识不同影响因素及其方向和程度是制定有针对性的污染控制策略的必然前提。现有文献主要通过指数分解分析(index decomposition analysis，IDA)方法来分析生产视角下大气重金属排放变化的驱动因素，探讨能源结构、能源强度和技术水平等因素对能源消费或环境排放的影响。

早期，大量研究者利用 IDA 方法来分析中国能源消费和环境排放变化的影响因素。早在 20 世纪 80 年代，研究人员为研究工业电力消耗的变化趋势就使用了 IDA 方法，而后 Ang 等[103]对该方法进行了归纳与命名。后来，IDA 被广泛应用于研究工业生产活动中的能源强度、部门的能源消耗、碳排放等[104-107]。在 20 世纪 90 年代，Boyd 等[108]提出了迪氏指数分解形式，随后发展成为算术平均迪氏指数分解(arithmetic mean Divisia index，AMDI)法，但是这种方法的分解结果中含有不能解释的余项。

基于迪氏分解的方法,Ang 等[109]提出了一种对数分解方法,可以有效解决分解余项问题,但分解结果不具有一致性,即低层次的分解结果不能直接聚合得到更高层次的分解结果。随后,Ang 等[110]提出了对数平均迪氏指数分解方法Ⅰ(LMDI-Ⅰ)。该方法除了可以保证分解结果的一致性,还具有以下优点:公式形式简单,能够给出很好的分解结果,乘法分解具有可加性,在加法分解和乘法分解之间具有相关性等。随后,Ang 及其他研究者不断丰富与完善该方法,并通过实例来具体说明该方法的应用[111-113]。Ang[113]和 Guo[114]等归纳得出,LMDI 方法根据其三种变量(分解对象为数量或强度,加法分解或乘法分解,分解方法为 LMDI-Ⅰ 或LMDI-Ⅱ)能够产生 8 种计算模型。

目前,LMDI 方法被广泛应用于能源的消耗变化、碳排放变化、常规空气污染物变化对人体健康影响的驱动因素等方面的研究[115-120]。Huang 等[121]使用 LMDI 方法量化了 2000—2015 年重金属对人类健康影响的驱动因素,结果表明经济发展是重金属排放导致健康损失增加的主要驱动因素,而排放强度降低是导致与重金属排放相关的健康损失减少的关键驱动因素。也有一部分学者将 LMDI 方法应用到大气重金属变化的影响因素分析中。Li 等[122]采用 LMDI 模型对 2007—2015 年中国省级与化石能源相关的大气汞排放变化的驱动因素进行了分解分析,发现能源强度降低是导致大气汞减排最主要的驱动因素,而经济增长是抑制大气汞排放量增长最主要的因素。Wu 等[123]利用 LMDI 方法辨识煤炭消耗和排放因子两个因素对 2010—2015 年中国 13 个城市大气汞排放的影响方向和程度。但是,其研究的城市数量十分有限,且这些城市的汞排放总量都处于增长状态,城市选择不具有代表性;同时,该研究发现排放因子在多数城市都是抑制大气汞排放量增长的重要因素,但是并没有进一步分析影响排放因子变动的内在因素的贡献,如能源效率、空气污染控制设备(air pollution control device,APCD,以下简称"污控设备")升级、洗煤比重或煤质等,导致一些重要影响因素被掩盖。忽略排放因子这类关键驱动因素的内在贡献,会使得分解结果无法准确识别影响大气汞排放变化的关键驱动因素,在一定程度上影响中国各种减排政策的作用机理和减排效益的评估。

同时,基于生产者视角的排放变化驱动因素的研究,既不能反映部门之间的相互依赖性,又不能追踪产品最终流向,导致其无法阐释最终需求变化和产业结构变化等社会经济因素对于污染物减排的影响机理,影响减排决策的有效性和可操作性[124-128]。

1.5.2 消费视角下大气重金属排放变化驱动因素的分析方法

为了区分生产效应和最终需求效应,与环境拓展投入产出模型相结合的结构分解分析(structural decomposition analysis,SDA)方法被用来评估消费视角下整个供应链的直接和间接影响,这弥补了对生产视角下污染物排放变化的驱动因素研究的不足[129-132]。SDA 方法利用比较静态分析对投入产出模型中的一些关键参数变动进行相应的驱动因素分解分析,其基本思想是将经济系统中某一个因素的变动分解成其他多个因素变动之和,从而测度其他经济因素的变动对该因素变动的贡献大小。SDA 方法最早是由投入产出模型的开创者 Leontief 提出,而后被Chenery[133]、Rose[134] 和 Dietzenbacher[135] 等相关学者进行了进一步的完善和创新。应当指出的是,Chen[136] 和李景华[137] 等对 SDA 模型在中国的推广做出了很大贡献。随着 SDA 方法和投入产出模型的发展及完善,总产出的变动可以进一步分解为直接消耗系数表示的经济技术变动、最终需求结构(即不同种类的最终需求所占比重,包括政府购买、投资、城市居民需求、农村居民需求和净进出口)和最终需求系数表示的最终需求的变动[63,66]。

相对于 LMDI 方法而言,SDA 方法的优越性体现在通过与投入产出模型的结合,可以分析与之相关的经济因素,也可以区分生产效应和最终需求效应,补充和完善了污染物控制机理研究[138-140]。正是由于这种优越性,目前 SDA 模型已经发展成投入产出相关分析中一种常用的分析手段,被广泛应用于能源消费、能源强度、污染物排放以及劳动就业等各个方面的研究之中[141-145]。总体而言,SDA 方法可以检验长期技术变动和结构变动,同时相对于计量经济学估计方法更方便,也能更好地明晰部门之间的经济联系。

在重金属排放变化的驱动因素研究方面,现有研究主要聚焦于全球尺度和国家尺度下影响重金属排放变化的驱动因素。在全球尺度下,梁赛等[146]基于 EEIOA-SDA,计算了 1997—2017 年中美贸易流动导致的中国大气汞排放量,并量化分析了与贸易相关的社会经济因素对中国大气汞排放变化的相对贡献,结果表明贸易规模扩大是推动大气汞排放增加的最大驱动因素,而排放强度效应是中美贸易间大气汞排放减少的最主要因素。在国家尺度下,Li 等[122]通过构建 IO-SDA 模型,分析了消费者视角下中国人为大气汞排放量的减排机理,结果显示排放因子下降是导致大气汞排放量下降的最重要的驱动因素。Zhang 等[147]基于 1997—2012 年的大气汞排放清单,分析了供应视角和消费视角下人口、最终投入/消费水平、最终需求结构、排放强度和产出结构对中国大气汞排放变化的影响因素,研究发现最初投入结构效应是导致大气汞排放量增加的主导因素。吴晓慧等[148]定量分析了各种社会经济因素对 1997—2017 年中国大气汞排放变化的相对贡献,结果表明人均最终需求水平提高是导致大气汞排放量增加的最大驱动因素,在有色金属冶炼及压延加工业,电力热力生产和供应业,水泥、石灰和石膏制造业最为明显。排放强度降低是大气汞排放量减少的最大驱动因素,对有色金属冶炼及压延加工业,电力热力生产和供应业,水泥、石灰和石膏制造业的减排贡献最大。

综上而言,已有研究对大气重金属排放变化的分析局限于国家之间的贸易尺度,尚未对微观尺度下中国大气重金属排放变化的驱动因素进行量化分析,这既不利于识别消费视角下的关键驱动因素,也不利于因地制宜,为不同地区和行业企业制定合适的减排政策。

1.6 大气污染物减排策略评估

中国以煤炭为主的能源消费结构在短期内无法根本改变。目前,中国燃煤电厂体量巨大,且尚有约 290 GW 的燃煤机组处于在建、规划、核准等预备阶段,这意味着中国燃煤电厂数量在短期内仍有可能增加[149]。然而,中国燃煤电厂机组鲜少安装专门针对大气重金属排放的污控设备,因此,对大气重金属污染的控制能力基本依赖常规污染物控制措施带来的协同效应[150,151]。

当前,大气污染物协同减排策略评估模型多以宏观经济模型为基础,从产业和区域尺度出发,评估能源、环境政策措施的协同减排效应。一部分学者基于投入产出方法和结构向量自回归模型对一些政策的效果进行定量分析和评估[30,152]。也有一部分学者选用包含成本模块的"自上而下"模型开展协同减排成本与策略分析,如可计算一般均衡(computable general equilibrium,CGE)模型[127]和以温室气体排放预测与政策分析(emissions prediction and policy analysis,EPPA)模型[153]为主的动态一般均衡模型[154]。但是,"自上而下"的模型由于侧重宏观尺度的策略效果分析,忽略了区域、产业和企业技术水平的异质性,无法全面考虑外部环境等的变化对于协同减排的影响,模型做出的分析具有一定理想性,因此不适用于指导微观尺度下电厂企业级的精准协同减排行动[155]。考虑到点源尺度单位才是最基础的排放源,不少学者以能源、环境工程技术为基础构建"自下而上"的模型,开展了空气污染物协同减排仿真研究。应用较为广泛的"自下而上"模型有亚太综合模型(Asian-Pacific integrated model,AIM)[156]、国际应用系统分析研究所(international institute for applied systems analysis,IIASA)开发的温室气体-空气污染物协同控制综合评估(greenhouse gas-air pollution interaction and synergies,GAINS)[157]、长期能源替代方案规划系统(long-range energy alternatives planning system,LEAP)和 MARKAL-EFOM 系统综合(the integrated MARKAL-EFOM system,TIMES)模型[158-161]。

目前,也有少量研究者对燃煤行业的碳排放及常规空气污染物进行了一定的分析。在全球尺度下,Jewell 等[25]识别了全球不同国家,尤其是弃用煤炭发电联盟(powering past coal alliance,PPCA)成员和非成员在通过减少煤电使用来实现 1.5 ℃温控目标方面的区别和前景。Cui 等[24]利用全球变化评估模型(global change assessment model,GCAM)构建了电厂级指定煤炭技术的替代轨迹,量化了《巴黎协定》要求下全球和国家级煤炭车队的成本效益退役路径。结果显示,在 2 ℃温控目标下,现有燃煤机组的预期寿命将减少为 35 年左右;在 1.5 ℃温控目标下,预期寿命将减少为 20 年。但如果继续新建燃煤电厂,2 ℃和 1.5 ℃温控目标下的燃煤机组的预期寿命将进一步缩短 5~10 年。在国家尺度下,

Zhang 等[162]利用 SWITCH-China 模型,研究了中国电力部门在"碳中和"目标和取水约束下的长期过渡路径(2020—2050 年)。Xing 等[26]结合综合评估模型和空气质量模型,评估了中国城市到 2035 年的空气质量,发现中国一些城市在国家自主贡献(nationally determined contribution,NDC)目标下还是无法完成空气治理目标。在区域尺度下,Ding 等[163]构建了一个综合评估系统,并以京津冀城市及其周边地区为研究对象,优化了氮氧化物(NO_x)、挥发性有机化合物(volatile organic compound,VOC)、$PM_{2.5}$ 之间的协同控制策略,发现了在冬季同时控制 VOC 和 NO_x 排放的必要性,以及在夏季加强对 NO_x 排放控制的必要性。Tong 等[28,164]评估了 2010—2030 年中国燃煤电厂的未来发展趋势和常规污染物(SO_2、NO_x 和 $PM_{2.5}$)的排放情况。结果发现,积极的能源发展计划可以让 CO_2 排放量在 2030 年之前达峰。

对于重金属排放的现有研究,人们主要关注全球尺度和国家尺度下的未来演化趋势。Sunderland 等[165]指出未来生态系统中的汞含量预计会大幅度增加,甚至到 2050 年,北太平洋等地区的海水汞浓度预计将增加 50% 以上,因此鱼类体内的汞含量也可能增加。Sung 等[166]通过考虑未来活动水平变化和最佳可得技术(best available technologies,BAT)的应用,利用移动平均和线性回归进行预测分析,讨论了未来韩国主要人为来源的汞排放及其排放趋势。结果显示,使用最佳可得技术可以显著降低燃煤电厂和水泥熟料厂的汞排放量。另外,Kwon 等[167]利用大气输送模型(GEOS-Chem)构建了一个水稻生物化学循环模型,模拟了未来中国全球大气汞沉降,分析了不同政策情景下未来水稻中汞含量的变化。Cheng 等[15]以 2010 年 5 种重金属(Hg、As、Pb、Cd、Cr)人为排放清单为基准,简单预测了 3 种不同控制情景下 2015 年人为排放源的重金属排放量。

综上所述,在研究对象方面,现有污染物控制策略评估模型多关注温室气体和 SO_2、NO_x、$PM_{2.5}$ 等常规大气污染物,尚未考虑中国大气重金属协同减排路径。在研究尺度方面,现有研究主要集中在国家和区域等宏观层面,对微观层面不同污染物排放源、排放特征和技术差异考虑不足,影响了污染物减排决策的精准性和有效性。在所使用的研究数据方面,现有研究的研究基准年份相对较久远,近年来国际国内各方对环境治理和碳减排都提出了更加明确的要求,已有研究已不能准确预测未来大气重金属的排放走向。因此,亟须对微观层面多政策组合下的大气重金属减排效果进行预测分析,以帮助决策者综合对比不同政策组合策略的大气重金属协同减排效益,进而为特征各异的燃煤电厂筛选出最优重金属减排策略。

1.7 研究目的、意义和内容

本书的研究目的是了解大气重金属排放的发展趋势,明晰中国大气重金属排放的现状,为进一步深化分析大气重金属排放变化原因和模拟未来大气重金属排放演化路径提供基础;为不同区域公平合理地划分减排责任,约束生产者和消费者的行为提供依据,以求为中国在实现精准治理的同时实现整体减排目标提供帮助;明晰多视角下大气重金属排放变化驱动因素,辨识抑制和推动大气重金属减排的关键所在;构建不同政策组合下未来大气重金属的减排潜力,量化未来环境治理政策对大气重金属排放的协同减排效果,寻求最优减排政策组合,减少政策成本,提高减排效益。

撰写本书的意义在于厘清中国燃煤电厂大气重金属历史排放特征,辨识减排的关键驱动因素和未来可能的协同减排路径,为我国燃煤电厂大气重金属污染防治奠定数据和模型基础,为未来制定精细化减排策略提供方向指导,为我国履行相关公约提供决策依据。

本书包含7章:第1章主要介绍了大气重金属排放现状及危害、不同视角下大气重金属排放清单编制的现状、驱动因素的分析方法以及这些方法在大气重金属排放方面的应用,同时简要介绍了大气污染物减排策略评估的研究进展;第2章介绍了生产视角下中国燃煤电厂大气重金属排放核算的方法和结果;第3章以大气汞排放为例,核算了消费视角下中国省级大气重金属排放及其省际流动情况;第4章介绍了"共担责任"原则下中国省级减排责任划分;第5章以大气汞为例,介绍了生产和消费视角下大气重金属排放变化的驱动因素差异;第6章介绍了减污降碳政策下中国燃煤电厂未来可能的协同减排路径;第7章对燃煤电厂大气重金属减排路径进行了总结与展望。

基于上述总体框架,对本书的结构做出如下安排(见图1.3):

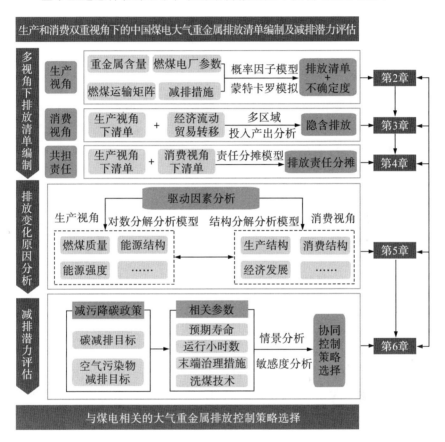

图1.3　全书结构及技术路线图

(1)编制生产视角和消费视角下与煤电相关的大气重金属的排放清单。在生产视角下,通过文献调研和统计数据收集整理,编制涵盖中国各地区燃煤电厂长时间序列的详细参数数据库,包括装机容量、年运行小时数、供电单位煤耗、位置、年度煤耗、污控设备组合及锅炉类型等参数,并逐年测算各电厂的实际煤炭消耗量,建立点源电厂级燃煤消耗量数据库。

鉴于中国不同地区的资源禀赋差异,地区之间煤炭的生产量和消费量处于不平衡状态,使得煤炭存在广泛的跨区域运输情况,导致不同燃煤电厂所在地区生产的煤炭和消费的煤炭中的重金属含量存在较大差异,因此为准确核算燃煤电厂消费煤炭的重金属含量,本书收集整理中国省级燃煤中的重金属含量参数,构建中国燃煤运输矩阵,精确核算不同地区实际消费煤炭的重金属含量。最后,根据排放因子模型和不确定性分析获得中国燃煤电厂大气重金属排放清单及其不确定度。

(2)在消费视角下,基于已有的生产视角下的排放清单和多区域投入产出分析模型,编制消费视角下的中国省级大气重金属排放清单,明晰区域之间的产业转移和省际贸易对大气重金属排放的影响,并且对比分析生产视角和消费视角下排放清单的显著差异。

(3)基于已有生产视角和消费视角下的排放清单,根据"共担责任"原则核算中国省级大气重金属排放,明晰各省份在"共担责任"原则下应该承担的减排责任。"共担责任"原则将重金属排放的生产者和消费者都纳入排放责任分摊机制,从而调动整个产业链的参与者积极参与大气重金属减排。

(4)基于生产视角和消费视角下的大气重金属排放清单,以大气汞为例,利用 LMDI 和 MRIO-SDA 方法,分析辨识不同社会、技术、环境因素对燃煤电厂大气重金属排放变化的影响环节、方向和程度,辨识和对比分析不同视角下中国大气重金属减排的关键因素,厘清上述因素对大气重金属减排的影响机制,从而全面揭示中国燃煤电厂相关的大气重金属减排潜力所在。

(5)基于目前及未来环境减排政策导向和第 4 章内容,结合情景模拟分析方法,分析不同关键影响因素在不同强度政策情景下对未来燃煤电厂大气重金属排放的影响,并根据目前的政策导向,设计中国燃煤电厂大气重金属协同减排控制策略路径,探索不同减污降碳政策下燃煤电厂相关大气重金属排放的减排潜力和演化趋势。

第2章 生产视角下中国燃煤电厂大气重金属排放清单

　　燃煤电厂是中国大气重金属的主要排放源之一。中国燃煤电厂具有分布区域广且分布不均、燃煤品质各异、发电和污染物控制技术组合种类差异明显等特点，导致重金属排放存在极大差异。另外，中国政府近年来实施了一系列针对燃煤电厂减污降碳的措施，如超低排放改造、"上大压小"、淘汰落后产能等，对燃煤电厂大气重金属排放产生了一定的协同减排效应。其中，湿式静电除尘器(wet electrostatic precipitator，WESP)或电袋复合式除尘器(electrostatic precipitator fiber filter，ESP-FF)成为主流，相对于早期的静电除尘器(electrostatic precipitator，ESP)，前两种设备的应用使得燃煤电厂对 12 种大气重金属[Hg、As、Se、Pb、Cd、Cr、镍(Ni)、Sb、Mn、钴(Co)、Cu、Zn]的脱除效率提升了 2.27%～136.62%。厘清上述差异和变化对燃煤电厂大气重金属排放的时空分布特征产生了何种影响是识别大气重金属重点排放源、探究排放变化驱动因素、开展大气重金属污染治理科学决策的基础，同时也有利于因地制宜，为中国制定燃煤电厂大气重金属减排策略提供数据支撑。

　　因此，本章首先介绍燃煤电厂大气重金属排放因子核算模型和煤炭运输矩阵，结合上述两种模型，编制中国 2005—2020 年与燃煤电厂相关的 12 种大气重金属排放清单，并根据"自下而上"的原则，核算中国省级及全国燃煤电厂相关的大气重金属排放量；然后，通过蒙特卡罗模拟，测算不同类别大气重金属排放的不确定性。

2.1 生产视角下大气重金属排放核算方法及排放清单数据来源

2.1.1 生产视角下大气重金属排放核算方法

依据大气重金属排放清单编制的现有相关文献[11,41,168]，根据"自下而上"的原则，利用排放因子模型，构建中国国家尺度、省级尺度及点源尺度下燃煤电厂的大气重金属排放清单数据库。具体核算方法如下：

$$EF_{ijk} = A_{ik} \cdot (1 - Q_i \cdot \omega_k) \cdot R_{pk} \cdot [1 - \omega_{\text{PM}(m),k}] \cdot$$
$$[1 - \omega_{\text{FGD}(n),k}] \cdot [1 - \omega_{\text{SCR}(s),k}] \tag{2.1}$$

$$E_{ijk} = C_{ij} \cdot EF_{ijk} \tag{2.2}$$

式中，EF_{ijk} 是 i 省燃煤电厂 j 对于大气重金属 k 的排放因子；A_{ik} 是 i 省燃煤电厂大气重金属 k 的含量；Q_i 为 i 省的洗煤比重；ω_k 是洗煤对大气重金属 k 的脱除效率；R_{pk} 是燃煤设施 p 对大气重金属 k 的释放比率；$\omega_{\text{PM}(m),k}$、$\omega_{\text{FGD}(n),k}$ 和 $\omega_{\text{SCR}(s),k}$ 是不同空气污染控制装置对大气重金属 k 的脱除效率，m，n 和 s 分别是除尘、脱硝和脱硫的空气污染防治措施类型；E_{ijk} 为 i 省燃煤电厂 j 的大气重金属 k 的排放量；C_{ij} 是 i 省燃煤电厂 j 的年度活动水平数据，代表燃煤电厂的煤炭消费量。

对于没有实际参数数据的燃煤电厂，如缺少单位供电煤耗、年运行小时数、煤耗量等参数数据的燃煤电厂，本章使用省级平均数据作为其参数数据，计算过程如下：

$$C_{ij} = P_{ij} \cdot H_i \cdot E_i \tag{2.3}$$

式中，P_{ij} 为 i 省燃煤电厂 j 的装机容量；H_i 是 i 省燃煤电厂的年平均运行小时数；E_i 为 i 省单位发电量的煤耗数据（若相关省级数据缺失，则使用当年国家级相关参数。相关省级平均数据来自中国省级能源统计年鉴及中国电力统计年鉴）。

因此，i 省在 t 年的大气重金属总排放量为

$$E_{ti} = \sum_{j=1}^{n} \sum_{k=1}^{m} (C_{tij} \cdot EF_{tijk}) \tag{2.4}$$

式中, E_{ti} 为 i 省在 t 年所有燃煤电厂的大气重金属排放量; C_{tij} 为 i 省燃煤电厂 j 在 t 年的煤炭消费量; EF_{tijk} 是 i 省燃煤电厂 j 在 t 年对于大气重金属 k 的排放因子。

需要指出的是,中国电力企业联合会电厂级参数数据库未区分电厂燃煤煤质,因此本章未对燃煤电厂煤耗的煤质进行区分。同时,在核算生产煤炭中的重金属含量时,本书是通过收集已有研究中每个省份的多个实验数据,进而将其平均值作为该省份生产煤炭中的重金属含量参数。另外,生产视角下的清单编制核心程序代码见附录2。

2.1.2　构建煤炭运输矩阵

由于中国各区域之间的煤炭资源禀赋和经济发展水平存在显著差异,燃煤的生产地和消费地不适配,所以中国燃煤存在广泛的跨区域运输情况。同时,不同省份生产煤炭中的重金属含量也有差异(见附表1.1)[4],这意味着在核算某省燃煤的大气重金属排放时,不能直接采用本省生产的燃煤中的重金属含量值,还要考虑煤炭运输的影响。因此,为明晰不同省份消费煤炭中的重金属含量,本章利用各省份生产煤炭中的重金属含量和煤炭运输矩阵[169],获得不同年份各省份消费煤炭中的重金属含量,其中生产煤炭中的重金属含量数据和2005年、2010年及2014年的煤炭运输矩阵均来自已有文献[170,171]。

由于已有文献中2018年煤炭运输矩阵缺失,本章基于《中国能源统计年鉴2019》《中国煤炭工业年鉴2019》、各行业协会统计及中国工程院能源专业知识服务系统等官方统计数据库,收集整理中国煤炭分省份、分运输方式(铁路、公路和水路联运)的贸易量,统计获得省份之间的煤炭运输量及进出口量,构建了2018年中国30个省(区、市)的煤炭运输矩阵。结合煤炭运输矩阵和30个省(区、市)生产煤炭中的重金属含量数据及主要进口国的煤炭重金属含量,本书确定了2018年30个省(区、市)消费煤炭中12种重金属的加权平均含量(见表2.1)。由于在进行本研究时2020年的数据尚未发布,2018年和2020年两个年份又较为接近,因此,本章假设2020年中国燃煤电厂消费煤炭中的重金属含量和2018年的一致。

表 2.1　2018 年中国 30 个省(区、市)消费煤炭中 12 种重金属的加权平均含量

单位：g/t

省份	Hg	As	Se	Pb	Cd	Cr	Ni	Sb	Mn	Co	Cu	Zn
安徽	0.30	2.62	5.09	13.32	0.17	22.98	14.39	0.39	53.27	8.31	27.41	27.81
北京	0.18	4.31	1.96	25.29	0.34	17.71	10.22	1.23	182.91	4.86	21.19	58.24
重庆	0.22	4.24	2.99	28.29	0.84	26.06	16.55	2.02	205.42	8.81	31.07	62.58
福建	0.17	2.92	2.87	15.87	0.30	15.53	9.75	0.54	71.78	4.33	21.57	32.50
甘肃	0.15	3.16	1.03	10.43	0.24	16.09	12.45	0.95	298.10	6.18	10.22	35.63
广东	0.16	3.04	2.66	25.70	0.54	24.03	13.89	2.02	273.26	6.32	24.40	80.29
广西	0.29	5.67	2.80	23.73	0.54	22.95	15.66	3.25	131.02	8.09	37.97	49.04
贵州	0.37	6.34	3.62	23.48	0.76	28.10	21.77	5.53	149.88	11.26	51.96	56.14
海南	0.00	0.10	0.10	0.71	0.02	0.59	0.42	0.03	2.20	0.13	0.76	1.77
河北	0.18	4.03	3.30	27.51	0.62	23.98	14.99	1.30	137.47	5.70	27.18	68.30
黑龙江	0.14	3.83	0.82	20.00	0.09	11.48	6.69	0.60	146.65	6.35	14.05	29.30
河南	0.19	2.94	4.14	21.68	0.58	24.59	13.49	0.94	145.02	5.97	34.72	51.55
湖北	0.13	2.48	2.36	17.15	0.39	16.19	9.82	0.92	121.69	4.14	19.84	43.89
湖南	0.18	6.33	3.77	26.64	0.61	29.11	14.68	1.56	207.79	6.25	28.06	67.74
内蒙古	0.22	5.48	1.33	26.91	0.17	14.62	7.46	0.89	168.88	4.46	19.47	48.93
江苏	0.25	3.44	4.14	24.14	0.52	24.80	16.07	1.35	172.99	7.26	31.78	61.37
江西	0.23	4.81	4.89	23.29	0.45	27.63	16.96	1.32	140.72	6.90	27.42	65.29
吉林	0.22	5.88	1.34	25.39	0.11	13.74	7.40	0.71	140.84	5.17	18.68	44.03
辽宁	0.17	4.61	1.24	20.95	0.16	14.39	9.50	0.65	115.30	5.66	18.56	42.35
宁夏	0.20	3.47	3.81	16.30	0.96	13.09	11.26	0.64	96.55	6.94	8.33	33.69
青海	0.19	3.34	2.49	25.81	0.54	26.34	16.05	2.16	375.63	7.13	23.35	84.47
陕西	0.21	3.84	3.32	34.05	0.73	32.11	18.66	2.85	401.12	8.51	30.91	111.00
山东	0.18	4.43	3.69	23.09	0.58	22.64	19.30	1.06	124.30	5.83	31.37	49.54

省份	Hg	As	Se	Pb	Cd	Cr	Ni	Sb	Mn	Co	Cu	Zn
上海	0.20	3.74	4.13	23.40	0.62	22.24	15.72	0.92	83.98	5.64	30.37	53.60
山西	0.18	3.89	3.69	28.36	0.74	24.05	16.04	1.55	158.23	5.72	28.65	76.39
四川	0.27	4.98	2.88	26.24	1.28	31.51	19.22	1.94	252.41	8.88	30.37	56.32
天津	0.20	4.73	2.52	27.87	0.45	19.76	11.89	1.20	159.07	5.13	24.38	62.48
新疆	0.06	2.97	0.25	2.77	0.12	7.89	8.29	0.67	52.31	6.62	6.67	16.75
云南	0.36	8.21	2.08	37.78	0.81	61.88	23.84	2.20	79.72	11.79	57.68	58.92
浙江	0.21	3.30	3.66	18.51	0.37	19.16	12.63	0.64	76.08	5.64	25.53	38.99

2.1.3 相关数据来源

本章主要涉及以下数据来源:燃煤电厂参数数据库、洗煤比重及污控设备组合参数。其中,2005—2018 年燃煤电厂的相关具体参数,如所在省份、装机容量、发电量、煤耗量、供电标准煤耗和发电标准煤耗等,均来自中国电力企业联合会[172-175]。本章所涵盖的燃煤电厂装机容量占据了全国燃煤电厂装机容量的 90% 以上,因此,本章所核算结果具有代表性。燃煤电厂消费煤炭的洗煤比重数据来自中国省级能源统计年鉴,其中洗煤对燃煤中 12 种重金属的脱除效率见表 2.2。

表 2.2　洗煤对燃煤中 12 种重金属的脱除效率[5]　　　　　　　单位:%

重金属种类	Hg	As	Se	Pb	Cd	Cr	Ni	Sb	Mn	Co	Cu	Zn
脱除效率	50.0	54.0	30.0	36.3	32.2	58.0	58.5	35.7	68.2	39.3	31.8	48.6

不同燃煤电厂的污控设备组合参数来自《中国电力统计年鉴》、各地区政府机构环评报告、对应电厂的环评报告或污控设备升级改造验收报告等[176,177]。不同污控设备组合对不同大气重金属排放的脱除效率具有显著差异,本章总结了不同污控设备组合对 12 种大气重金属排放的脱除

效率(见表2.3)。另外,由于大气汞呈现零价汞、二价汞和颗粒汞等形态,附表1.2给出了不同污控设备组合下大气汞排放的形态分布。本章结论部分主要展示大气汞排放总量,未对不同形态大气汞排放做具体分析。值得注意的是,目前中国燃煤电厂很少安装专门用来去除大气重金属的污控设备,因此本章主要聚焦于脱硫、脱硝、除尘设备对大气重金属排放的协同控制效益研究。

表 2.3　不同燃煤锅炉的释放率及污控设备组合对重金属的脱除效率[5,20]

单位:%

	项目	Hg	As	Se	Pb	Cd	Cr
释放率	煤粉锅炉	99.4	98.5	96.3	94.9	94.9	84.5
	加煤机锅炉	83.2	77.2	40.1	42.5	42.5	26.7
	循环流化床	98.9	75.6	77.3	91.5	91.5	81.3
	焦炉	85.0	30.0	31.5	20.0	20.0	24.0
	家用炉灶	0.065	0.095	3.700	0.033	0.033	0.520
脱除效率	ESP	33.2	86.2	73.8	95.0	95.5	95.5
	FF	67.9	99.0	65.0	99.0	97.6	95.1
	旋风除尘器	6.0	43.0	40.0	12.1	9.0	30.0
	湿式除尘器	15.2	96.3	85.0	70.1	75.0	48.1
	WFGD 系统	57.2	80.4	74.9	78.4	80.5	86.0
	SCR① 系统＋ESP＋WFGD② 系统	74.8	97.3	93.4	98.9	99.1	99.4
	项目	Ni	Sb	Mn	Co	Cu	Zn
释放率	煤粉锅炉	57.1	89.4	75.7	85.4	92.7	91.6
	加煤机锅炉	10.5	53.5	16.2	25.2	25.7	16.3
	循环流化床	68.4	74.4	51.2	62.8	60.9	61.2
	焦炉	9.8	53.5	28.2	31.7	22.0	44.0
	家用炉灶	0.300	0.009	0.220	0.047	0.094	0.330

续表

项目		Hg	As	Se	Pb	Cd	Cr
脱除效率	ESP	91.0	83.5	95.8	97.0	95.0	94.5
	FF	94.8	94.3	96.1	98.0	98.0	98.0
	旋风除尘器	39.9	40.0	67.0	72.0	60.0	64.0
	湿式除尘器	70.9	96.3	99.0	99.8	99.0	99.0
	WFGD 系统	80.0	82.1	58.5	56.8	40.4	58.2
	SCR 系统+ESP+WFGD 系统	98.2	97.0	98.3	98.7	97.0	97.7

①SCR 的中文全称为选择性催化还原。

②WFGD 的中文全称为湿法烟气脱硫。

2.1.4 燃煤电厂分布情况

图 2.1 展示了 2005—2018 年中国国家级及省级燃煤电厂装机容量的年度变化和与国家能源统计年鉴相比的数据差距。本章所核算的燃煤电厂装机容量占中国能源统计年鉴中全国燃煤电厂装机容量的 90% 以上,可见,本章的基础参数数据能大致代表中国燃煤电厂的现状。从容量大小来看,2005—2018 年,装机容量为 600~1 200 MW 的燃煤电厂的总装机容量增长了约 152%(从 2005 年的 103.9 GW 增至 2018 年的 261.6 GW),装机容量在 1 200 MW 以上的燃煤电厂的总装机容量增长了约 371%(从 2005 年的 119.7 GW 增至 2018 年的 564.2 GW)。而装机容量为 300—600 MW 的燃煤电厂的总装机容量下降了近三分之一(从 2005 年的 149.5 GW 下降到 2018 年的 100.1 GW)。小型燃煤电厂(装机容量小于 300 MW)的装机容量减少了近 50%,这得益于中国"上大压小"等煤电改造措施,效率低下的"老旧小"工业自备电厂在中国燃煤电厂不断迭代的过程中逐渐被淘汰。

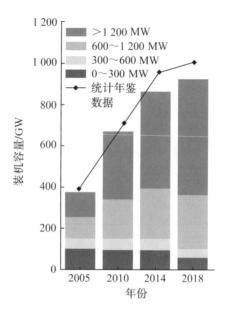

（a）2005—2018 年中国国家级燃煤电厂装机容量及国家能源统计年鉴数据

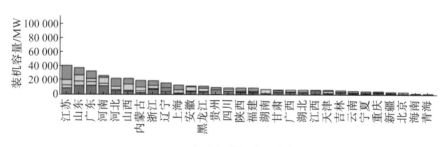

（b）2005 年省级装机容量分布

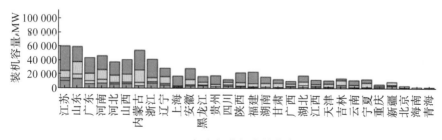

（c）2010 年省级装机容量分布

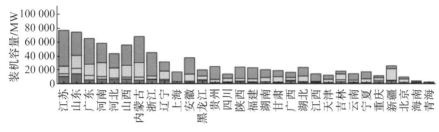

(d)2014 年省级装机容量分布

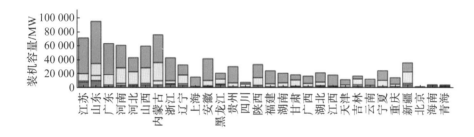

(e)2018 年省级装机容量分布

图 2.1 2005—2018 年中国国家级及省(区、市)级燃煤电厂装机
容量的年度变化和与国家能源统计年鉴相比的数据差距

　　从省份角度来看,在研究期间煤电中心也出现了明显的变化。具体而言,2005 年的燃煤发电中心与电力负荷中心呈现高度重合,如江苏、山东和广东,它们的燃煤电厂装机容量分别占据全国燃煤电厂装机容量的10.1%、10.0% 和 8.7%。但是,随着时间的推移和燃煤电厂的更新迭代,到 2018 年,煤电中心转移到了煤炭资源丰富的山东(10.2%)和内蒙古(8.2%)等地区。在此期间,除内蒙古、新疆、陕西、黑龙江和海南外,几乎所有省份都淘汰了大量小型燃煤电厂。其中,广东在此期间累计退役小型燃煤电厂装机容量 10.8 GW,远超其他省份;河南紧随其后,淘汰的小型燃煤电厂装机容量高达 8.5 GW;四川以 3.9 GW 的退役装机容量位居第三。另外,有 16 个省级行政区的中型燃煤电厂装机容量呈现下降趋势。值得注意的是,所有省份的大型燃煤电厂的装机容量都有所增加,其中江西、湖南、安徽、广西和湖北尤为明显,增长幅度均超过 60%。

2.1.5　不确定度分析方法

生产视角下大气重金属排放清单的不确定度主要来自排放因子及能源活动数据的不确定性。

排放因子的不确定性一方面是因为无法全部准确获取不同年份部分燃煤电厂的污控设备组合参数,如 2005 年的部分燃煤电厂目前已被淘汰,无法准确获取当时这些电厂具体安装的污控设备组合参数;另一方面是因为无法实地测量每个燃煤电厂所使用煤炭中的不同重金属的含量。本章通过构建煤炭运输矩阵和不同省份生产煤炭中的平均重金属含量数据来确定不同省份消费煤炭中的重金属含量,这种方式忽略了生产煤炭的年度差异和煤质差异,同时忽略了同一省份不同燃煤电厂使用煤炭的差异。

能源活动数据的不确定性是因为数据的可得性受限。在核算中国不同年份燃煤电厂的重金属排放量时,由于无法收集所有燃煤电厂实际的煤炭消费数据,因此,本章对无法收集相关活动数据的燃煤电厂引入了同质性假设,忽略了同一个省份的不同燃煤电厂之间在度电煤耗等指标上存在的差异。此外,由于未将 2019 年和 2020 年退役的燃煤电厂从 2020 年清单编制的数据库中完全排除,因此本章研究可能在一定程度上高估了 2020 年大气重金属排放清单结果。

Streets 等[178]指出,现实研究始终无法准确评估能源活动数据。只要代表国家级别、区域级别、省份级别的数据被广泛用于排放清单编制,而不是使用每个电厂的试验数据,那么通过排放因子模型编制排放清单的不确定性就不可避免[33]。通过相应的数据分析,大多数用来编制排放清单的参数及相关能源活动水平数据都是依据一定的数据应用或已发表的文献来确定的。

为定量分析结果的不确定性,本章采用蒙特卡罗模拟来分析排放清单的不确定度,通过对排放清单进行 10 000 次模拟实验来评估中国燃煤电厂大气重金属在 95% 置信区间下的不确定度[179-181]。相关参数的概率分布见表 2.4,概率分布数据来源于已有文献[5]。具体核算代码见附录 2。

表 2.4　不确定度分析中相关参数的概率分布[40,171,182,183]

类别	参数	分布形态
煤炭消费类别	燃煤电厂	均匀分布
	工业燃煤	均匀分布
	住宅燃煤	均匀分布
	其他燃煤	均匀分布
脱除效率	ESP	韦伯分布
	FF	韦伯分布
	ESP＋WFGD	韦伯分布
	FF＋WFGD	正态分布
	湿式除尘器	正态分布
	SCR＋ESP＋WFGD	正态分布
	SCR＋FF＋WFGD	正态分布
	ESP-FF＋WFGD	正态分布
	NID①＋ESP	正态分布
	SCR＋ESP＋SW-FGD②	正态分布
重金属含量		对数正态分布

①NID 的中文全称为增湿灰循环脱硫。
②SW-FGD 的中文全称为海水烟气脱硫。

2.2　生产视角下大气重金属排放清单

本章依据"自下而上"的原则,计算了燃煤电厂 12 种大气重金属的排放量,从国家尺度、省级尺度以及燃煤电厂尺度对大气重金属排放清单进行分析说明,以求明晰中国燃煤电厂大气重金属排放的总体趋势以及时空变化趋势。

2.2.1　国家尺度下燃煤电厂大气重金属排放清单

总体而言,中国燃煤电厂的 12 种大气重金属的排放量在 2005 年高达 12 869.8 t,在 2020 年下降到 8 801 t[见图 2.2(a)]。但在这 15 年中下降速率波动明显,其中将近 90% 的减排量(3 449.59 t)发生在 2005—2010 年。因为在此期间中国着重加强了燃煤电厂大气烟尘防控力度,并对燃煤电厂烟气排放限值做出了明确规定,这使得燃煤电厂除尘脱硫设备安装率快速增长,除尘设备对重金属排放的协同控制效益极大地减少了中国燃煤电厂的重金属排放。比如,安装静电除尘器的燃煤锅炉装机容量占据了中国总燃煤装机容量的 95% 以上。2010—2020 年,中国逐渐将防治重点转向脱硫脱硝设备的安装和改造,而脱硝设备对除大气汞排放以外的其他大气重金属的协同减排效益相对有限。另外,2010—2020 年,燃煤电厂装机容量增加了 70% 以上,这极大地增加了中国煤电行业的煤耗量,新增燃煤机组的排放量也在一定程度上抵消了中国污控设备升级带来的减排量。因此,2010—2020 年,重金属减排幅度较小,仅从 2010 年的 9 420.2 t 下降到 2020 年的 9 203.7。中国在 2020 年正式完成超低排放改造,理论上,符合条件的所有燃煤电厂在 2020 年都已安装完备的脱硫脱硝除尘设备,因此排放量小幅度下降至 8 801 t。

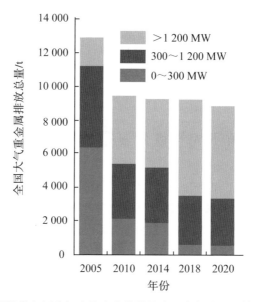

(a)按照燃煤电厂装机容量大小分类的全国大气重金属排放清单

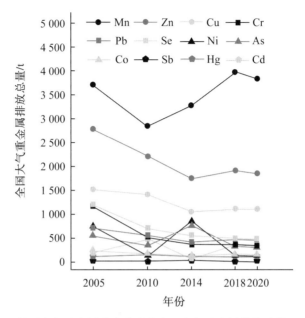

（b）按照大气重金属种类分类的全国大气重金属排放清单

图 2.2　2005 年、2010 年、2014 年、2018 年和 2020 年全国大气重金属排放清单

　　从装机容量的角度来看，小型燃煤电厂（装机容量＜300 MW）的大气重金属排放总量从 2005 年的 6 377.9 t 急剧下降至 2020 年的 577.5 t，占总减排量（4 068.8 t）的 143％，是中国燃煤电厂重金属减排最重要的来源。由于大多数小型燃煤电厂都是工业自备电厂，安装的多为效率较低的小型锅炉和对大气重金属脱除效率较低的污控设备（如静电除尘器＋简单脱硫设备），甚至多数小型燃煤电厂在 2010 年之前没有安装任何末端污染控制装置，因此淘汰小型燃煤电厂使得大气重金属排放量大幅减少。中型燃煤电厂（300 MW≤装机容量＜1 200 MW）的大气重金属排放量从 2005 年的 4 832.4 t 减少到 2020 年的 2 777.2 t，减少了 40％以上，占总减排量的50.5％。相反，由于 2005—2020 年装机容量的增加，大型燃煤电厂（装机容量≥1 200 MW）的大气重金属排放量增长了两倍多（从 1 659.5 t 增加到 5 446.3 t）。

　　从重金属排放种类来看，锰（Mn）、锌（Zn）和铜（Cu）排放量位居前三,合计占年度总排放量的近70%,2018年和2020年甚至达到80%左右[见图2.2(b)]。2005—2020年,有10种重金属的排放量呈下降趋势,其中Ni减排幅度最大,从2005年的715.5 t下降到2020年的81.6 t,减少了88.6%;其次是Cr及Cd,排放量分别减少了71.3%和71.4%。相反,Sb和Mn的排放量呈现上升趋势,其中Sb的排放量增加了84.0%。另外,Mn增长了2.4%。值得注意的是,Mn的排放量在研究期间波动幅度大。具体而言,2005—2010年,Mn的排放量呈现下降趋势,从3 712.4 t下降到2 835.6 t;但2010—2014年,Mn的排放量由减转增,达到3 288.4 t;2014—2018年持续上升到3 990.7 t;在2020年,Mn的排放量略微下降,但是仍然高达3 801.4 t。多数大气重金属排放的波动是由燃煤消耗量大的省份的消费煤炭来源变动所致,例如广东消费煤炭的主要来源从安徽转变为贵州,而贵州煤炭的重金属含量相对较高,因此在燃煤消耗量不变的情况下,这种转变会使得广东的大气重金属排放量上升。另外,大气汞排放由于其本身的特性,即脱硫脱硝设备对汞排放的脱除效益没有对其他重金属的排放效益明显,因此,2005—2020年大气汞排放量只减少了13.14%,是除了Sb和Mn之外,下降幅度最低的重金属,且在2005—2010年期间排放量还有所上升,增长了20.7 t。

2.2.2 省级尺度下燃煤电厂大气重金属排放清单

如图2.3所示,各省(区、市)不同类型燃煤电厂的大气重金属排放量存在时间和空间上的巨大差异。具体而言,每年排放量居全国前五位的省份的合计排放量在年度排放量中占了近40%。排放量最大的省(区、市)在年度之间稍有变化,其中山东为2005年(1 160.9 t)、2018年(903.9 t)和2020年(1 025.9 t)排放量最大的省份,江苏为2010年(903.9 t)和2014年(1 024.1 t)排放量最大的省份。值得注意的是,四川的排放量在2005年居全国第三位,仅次于山东和江苏,但在2020年,四川的排放量居全国倒数第四位。相反,排放量居全国倒数前五位的省份的合计排放量在年度总排放量中的占比还不到2%。

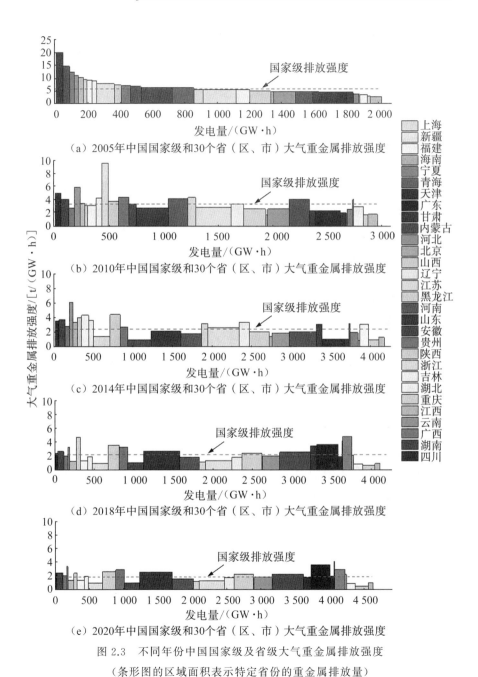

图2.3 不同年份中国国家级及省级大气重金属排放强度

（条形图的区域面积表示特定省份的重金属排放量）

2005 年,大气重金属排放量较大的省份主要位于中国传统工业密集型、经济密集型地区或人口众多的经济中心;到 2020 年,大气重金属排放量较大的省份已经逐渐转移至煤炭储量丰富的地区。这是由于"西部大开发"和"西电东送"等战略的实施。近年来,中国政府在西北地区建设了众多大型燃煤电厂项目,同时推行了一系列提高能源效率和减少空气污染物的措施(如"上大压小"、超低排放改造和煤电清洁改造等),来减少重点地区的空气污染物排放,尤其是京津冀、华北平原、长江三角洲地区。这一系列措施使得东部沿海和东南沿海地区的大气重金属排放量不断降低。因此,2005 年的高排放地区(广东、江苏等地)的大气重金属排放量逐年减少。值得注意的是,西北地区由于装机容量有限,同时当地煤炭资源丰富,且其煤炭中的重金属含量较低,所以西北地区省份的大气重金属排放量一直相对较小。

另外,2005—2020 年,有 22 个省(区、市)的大气重金属排放量有所减少,其中四川、江苏和浙江的减排量居前三位。由于四川的装机容量下降明显,淘汰了大量小型自备电厂,其大气重金属排放量从 2005 年的882.7 t 下降到 2020 年的 46 t。其中,2005—2010 年大气重金属排放量下降了 631.8 t,2010—2014 年下降了 93.5 t,2014—2018 年下降了 108.4 t。江苏的大气重金属排放量下降了 39.3%,2014—2018 年的减排量高达 571.8 t,2005—2010 年的减排量也达到 257 t。浙江的大气重金属排放量下降了645.3 t,但是其下降幅度逐渐收窄,其中 2005—2010 年、2010—2014 年、2014—2018 年分别下降了 311.66 t、233.56 t、100.89 t。这得益于该区域加强了空气治理力度,不断对燃煤电厂进行超低排放改造以及设备升级,这一系列措施使得该区域的大气重金属排放量逐年递减。

相反,由于大规模建设燃煤发电项目及消费煤炭来源的变化,宁夏、山西和海南的大气重金属排放量几乎翻了一番。其中,宁夏的重金属排放量从 2005 年的 112.9 t 增长到 2020 年的 432.4 t,增长近三倍。另外,内蒙古由于煤炭储量丰富,地广人稀,因此能源产业尤其是煤电发展迅速,逐渐成为京津冀地区电力的主要供给者。这使得内蒙古的大气重金属排放量随着煤耗量的增加而不断增加,在 2020 年高达 1 016.1 t,增长了近一倍,总排放量在 2020 年居全国第二位。

2.2.3　大气重金属排放强度

图 2.3 展示了 2005—2020 年不同省(区、市)的大气重金属排放强度,即单位发电量所产生的大气重金属排放量。由图可以看出,2005—2020年,燃煤电厂总体排放强度在不断降低,从 2005 年的 6.4 t/(GW·h)显著降低至 2020 年的 1.9 t/(GW·h),其中 2005—2010 年排放强度下降最为明显,减少了 3.1 t/(GW·h)。

从省份角度来看,2005 年排放强度居全国前五位的省(区、市)主要位于南部及中部地区,分别为四川[20.1 t/(GW·h)]、湖南[14.7 t/(GW·h)]、广西[12.5 t/(GW·h)]、云南[11.1 t/(GW·h)]和江西[10.3 t/(GW·h)];2010年排放强度居全国前五位的分别为浙江[9.5 t/(GW·h)]、云南[5.9 t/(GW·h)]、四川[5 t/(GW·h)]、贵州[4.4 t/(GW·h)]和黑龙江[4.3 t/(GW·h)];2014 年,陕西、湖北和重庆取代了浙江、四川和贵州,成为国内排放强度居前三的省份;2018 年,排放强度最高的省份为宁夏、重庆和青海。排放强度与燃煤中的汞含量、机组的发电效率及末端控制相关。由于电厂锅炉的发电效率后续很难改善,因此,排放强度主要受燃煤中汞含量及末端控制设备脱除效率的影响。煤炭运输矩阵的变动会极大地影响不同省份燃煤中的汞含量,进而影响排放强度;同时,与欠发达地区相比,东部发达地区燃煤电厂的末端控制设备较为完善,因此排放强度较高的地区多位于我国中西部地区。

2005—2020 年,除青海外,几乎所有省(区、市)的排放强度都有所下降。具体而言,四川、湖南和广西在此期间排放强度下降幅度最大,排放强度分别下降了 17.8 t/(GW·h)、12.3 t/(GW·h)和 10.5 t/(GW·h)。然而,青海的排放强度却有所上升,从 2005 年的 3.9 t/(GW·h)上升到2020 年的 4.2 t/(GW·h)。这主要是因为青海的主要煤炭供应地区由当地转变为陕西和宁夏,而这两个地区的煤炭中重金属含量比青海高。

可以发现,排放强度和排放量之间不具有严格的线性关系。排放量位居前列的省(区、市),如江苏、山东和内蒙古,由于其燃煤电厂升级改造完成度较好,具有较低的排放强度。上述地区的减排潜力较小,采取进一步的改造措施来减少重金属排放会有相对更高的边际成本。未来应重点关注排放强度高的省(区、市),如云南、贵州、湖南等,通过升级改造末端控制设备、选择重金属含量低的煤炭等措施来降低排放强度。

燃煤电厂之间排放强度的差距也非常明显,2005 年排放强度排名前十的燃煤电厂的排放强度都超过 500 t/(GW·h)。其中,湖南省益阳市的某自备电厂以 1 171.7 t/(GW·h)位居第一;湖南省常德市的某自备电厂[1 083.9 t/(GW·h)]和浙江省衢州市的某电厂[1 039.3 t/(GW·h)]紧随其后,且都超过 1 000 t/(GW·h);另外,云南省红河哈尼族彝族自治州的某自备电厂的排放强度高达 974.4 t/(GW·h),居 2005 年众多燃煤电厂排放强度第四位。值得注意的是,排放强度位居前十的燃煤电厂的装机容量都小于 50 MW,同时年度发电量不超过 0.1 GW·h,且都位于中国西南及中部地区(燃煤的重金属含量高)。

排放强度大的燃煤电厂大多具有以下共同特征:已经运行超过 10 年,机组装机容量小于 600 MW,且没有采用发电效率高的超临界技术或超超临界技术;多为工业自备电厂,未安装高效污染控制设施,甚至没有任何末端治理技术。这类电厂也是中国污染控制治理的重点对象。2010 年,燃煤电厂排放强度前 10 名中有 8 个位于浙江省,其中有 4 个位于宁波市;而排放强度最大的燃煤电厂位于云南省,高达 897.3 t/(GW·h)。2014 年和 2018 年,燃煤电厂的排放强度普遍降低,少有燃煤电厂的排放强度超过 100 t/(GW·h)。这说明中国各种针对燃煤电厂的减污措施收效明显。

2.2.4　5 种重点大气重金属排放清单

图 2.4 描绘了中国最受关注且对中国居民健康影响最大的 5 种大气重金属(Hg、Cd、As、Cr 和 Pb)污染的省级排放情况。Hg、Cd、As、Cr 和 Pb 的排放总量在研究期间都呈现下降趋势。其中,Hg 的排放总量的下降幅度最小(11.7%),而 Cr 的下降幅度最大,高达 73.2%。另外 3 种重金属(Cd、As 和 Pb)的排放总量分别下降了 71.2%、47.4%和 62.1%。

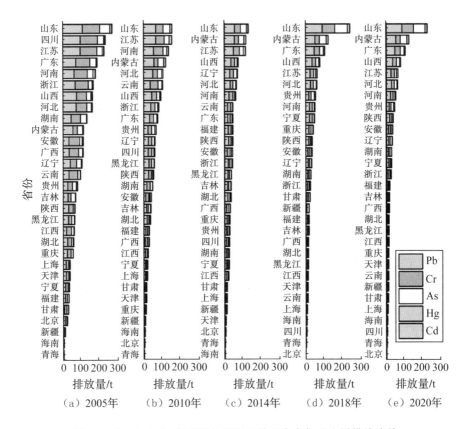

图 2.4　2005—2020 年省级尺度下 5 种重点大气重金属排放清单

从省级尺度来看,这 5 种大气重金属的省际排放量在空间上呈现较大差异,且省级之间的差距在研究期间逐渐扩大。具体而言,2005 年山东是 As、Cr 和 Pb 排放量最大的省份,是 Hg 和 Cd 排放量第二大的省份,5 种重金属的排放量分别占全国排放量的 10%、9%、10%、8.5% 和 9.3%。但在 2020 年,除 Hg(排放量为 12.4%)以外,山东的其他 4 种大气重金属的排放量占全国排放量的比重均超过 20%。值得注意的是,由于消费煤炭中 Cd 含量较高(1.72 g/t),山东在 2005 年 Cd 排放量高达 5.8 t,在 2010 年大幅下降为 1.3 t。各省份的 Cr 和 Pb 的排放量均有所下降,尤其是北京、四川和云南。另外,虽然全国 As 排放总量大幅下降,但山东和内蒙古的 As 排放量却分别增加了 17.5% 和 32.2%,这归因于其消费煤炭的来源有所变化并且煤耗量在研究期间大幅增加。内蒙古的汞排放量从 2005 年(5.4 t)到 2020 年(11.3 t)翻了一番,使其在 2020 年成为第二大排放省,仅次于山东(11.3 t)。相反,河南作为 2005 年大气汞排放量最大的省份,由于其煤耗量有所下降,因此其大气汞排放量在研究期间减少了近 60%。

其他大气重金属排放特征和全国总排放特征也有所区别。Se 排放量最大的省份在 2005 年为河南和江苏,但在 2020 年为山东和山西。其中,2005—2020 年,河南的 Se 减排量最大。2005 年,Co 排放量排名前三位的省份分别是四川、江苏和安徽。在研究期间四川对大气重金属 Cu 和 Co 的减排量最大。此外,海南、宁夏、内蒙古和新疆的 Ni 排放量分别增长了 61.7%、35%、21.7% 和 12.9%。宁夏的 Mn 排放量增幅最大,从 2005 年的 26.9 t 增加到 2020 年的 266.9 t。江苏在 2005 年的 Zn 排放量最高(299.1 t),占 2005 年全国排放量的 10.9%,而在 2020 年减少到约 92.2 t。相比之下,山东的 Zn 排放量从 2005 年的 206.4 t 增加到 2020 年的 236.2 t,成为 2020 年 Zn 排放量最高的省份。

2.2.5 点源尺度下大气重金属排放清单

中国燃煤电厂分布不均,主要集中在用电需求大、经济发达的人口稠密地区。从 2005 年到 2020 年,主要的燃煤电厂大气重金属排放源已经从小型燃煤电厂转换为大型燃煤电厂。就 2005 年而言,有 6 个燃煤电厂的大气重金属排放量超过 100 t,合计占 2005 年总排放量的 7%,但其装机容量仅占全国总装机容量的 0.4%。具体而言,山东莱芜的某发电厂因其装机容量大(高达 405 MW)且没有任何末端治理措施,因此其排放因子较大,加上其燃煤消耗量巨大(1.1 Mt),导致该发电厂在 2005 年众多燃煤电厂中大气重金属排放量最大,高达 205.1 t。从 2005 年到 2014 年,由于除尘设备装置(对重金属的脱除效率达 33%～99%)在中国燃煤电厂中广泛使用,大多数燃煤电厂的大气重金属排放量呈现下降趋势。2014 年之后,中国燃煤电厂的污控设备装置改造主要以脱硝装置的推广应用为主,目前中国主流的脱硝装置 SCR 装置和 SNCR(选择性非催化还原)装置对除汞排放以外的其他大气重金属并没有明显的协同脱除效益,所以 2014 年之后,由污控设备升级带来的减排量逐渐减少,这也是 2014 年之后大气重金属减排速度较慢的内在原因。

不同于 2005 年,2020 年高排放的燃煤电厂一般是因为其自身装机容量大、年运行小时数长导致其年度煤耗量大。因为在 2020 年,中国的燃煤电厂行业已经全部完成超低排放改造,基本所有符合要求的燃煤电厂都已安装脱硫脱硝除尘设备,例如山东滨州某集团的自备燃煤电厂由于其容量巨大(22 050 MW)且污控设备(SNCR 装置+脱硫塔+ESP)对重金属的脱除效率低,在 2020 年就以 445.7 t 的大气重金属排放量居 2020 年国内单个燃煤电厂排放量第一位。

2.3 不确定度分析

基于蒙特卡罗模拟获得的总的不确定度为(−39.1%,47.2%)。如图 2.5 所示,2020 年中国燃煤电厂不同大气重金属排放的不确定度具有一定差异。其中,Hg 的不确定度最大,为(−49%,59%),而 Cr 的不确定度最小,为(−5.9%,18.8%)。这是因为与 Hg 排放相关的能源活动水平和排放因子在核算过程中受到多种因素的影响。随着时间的推移,数据公开性提高,大气重金属排放的不确定度会逐渐降低。

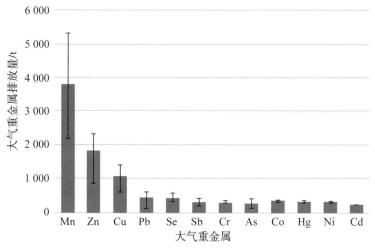

图 2.5 2020 年燃煤电厂大气重金属排放的不确定度

一般来说,排放清单的不确定度是不可避免的。由于相关的排放系数缺乏代表性和能源活动数据缺乏可靠性,大多数排放清单都有显著的不确定度。本章通过收集整理燃煤电厂的详细煤耗数据,计算获得燃煤电厂可用的动态排放因子,尝试评估燃煤电厂大气重金属的历史排放趋势,极大地降低了大气重金属排放清单的不确定度。尽管如此,不确定度仍然存在,这可能导致在研究中低估或高估某些年份的大气重金属排放量。因此,需要对燃煤电厂进行更详细的调查和长期现场试验,来获得更为准确的相关参数。

2.4 减排政策建议

本章通过收集整理2005—2020年燃煤电厂的相关参数,对与中国燃煤电厂相关的12种大气重金属排放量进行了"自下而上"的核算,从全国层面、省级层面和点源电厂层面对中国燃煤电厂的大气重金属排放进行了"自上而下"的分析。结果发现,中国燃煤电厂的大气重金属排放量总体呈现下降趋势,燃煤电厂大气重金属排放量在研究前期下降明显,后期减排相对乏力。另外,省份之间的排放差异明显,个别省份的大气重金属排放量在研究期间还有所增长。但是总体而言,燃煤电厂大气重金属排放总量依然处于高位。因此,未来中国仍然面临较大的大气重金属减排压力。

本章根据大气重金属排放的核算结果对中国大气重金属减排提出以下政策建议:

(1)从燃煤电厂大气重金属排放的总体趋势来看,减排幅度在研究期间有所降低,尤其是2014年之后,减排速度明显放缓。这说明目前已有政策力度对大气重金属的协同减排效益日渐降低。未来需要实施更加严格并且具有针对性的污控减排政策来实现对大气重金属的有效控制,如对大型燃煤电厂安装专门脱除大气重金属的污控设备,尤其是大气汞脱除设备。

(2)结果显示,相对于大型燃煤电厂,老旧的小型自备燃煤电厂的排放强度更高,而发电效率更低,因此在未来去煤化的过程中,应该优先淘汰上述类型的燃煤电厂,从而实现煤电清洁高效利用。同时,对于短期内无法淘汰的小型燃煤电厂,应该进行必要的污控设备升级改造。

(3)从中国排放重点省份的转移可知,中国煤电中心已经从经济人口大省转移至能源生产大省,这使得经济发达地区的大气重金属排放量减少,而内蒙古、山西、陕西等与煤电相关的地区大气重金属排放量增加。因此,从省级角度来看,山东、内蒙古、山西、陕西和河北等地区是燃煤电厂大气重金属减排的重点地区。一方面,这些地区需要有效控制煤电增长,持续推进煤电清洁高效利用;另一方面,这些地区需要对燃煤电厂进行灵活改造,控制燃煤电厂年运行小时数,与此同时,加强电网建设与可再生能源技术开发和应用,提高新能源在中国电力结构中的比重,推动电力清洁低碳转型的同时,保障国家电力供应安全性。

本章核算的重金属排放总量和 Tian 等[4]中燃煤相关大气重金属排放总量相似,但是已有研究多关注国家尺度大气重金属排放量,涉及的时间区间较为久远,不能很好地反映燃煤电厂大气重金属排放变化的现状。相对而言,本章还将大气重金属排放清单细化到点源电厂级别,为明晰全国燃煤行业大气重金属排放的时空差异、制定差异化和精细化的大气重金属减排措施提供更为精准和时效性更强的信息。另外,已有的燃煤电厂点源级大气重金属排放清单一般只涉及个别重金属类别,缺乏对燃煤电厂大气重金属排放的整体刻画。本章编制的排放清单包含了 12 种主流大气重金属的排放,对燃煤电厂的大气重金属排放做了全面、详细的分析和跟踪。

本章小结

本章核算了中国燃煤电厂在 2005 年、2010 年、2014 年、2018 年及 2020 年的 12 种大气重金属排放量,明确了中国燃煤电厂大气重金属排放的时空分布和演化特征,识别了中国大气治理政策对重金属减排的历史协同效应,并根据研究结果,对不同地区进行重金属减排提出了政策建议。本章主要获得了以下结论:

(1)总体而言,生产视角下燃煤电厂的大气重金属排放量从 2005 年的 12 869.8 t 下降到 2020 年的 8 801.0 t,其中,约 90% 的减排是在前五年完成的。

(2)从燃煤电厂的装机容量来看,装机容量小于 300 MW 的小型燃煤电厂的大气重金属排放量下降幅度最大,从 2005 年的 6 377.9 t 急剧下降至 2020 年的 577.5 t,而装机容量大于 1 200 MW 的大型燃煤电厂的大气重金属排放量从 2005 年的 1 659.5 t 上升至 2020 年的 5 446.3 t。

(3)从省级尺度来看,大气重金属的重点排放源逐渐从沿海地区(江苏、广东、山东)变为煤炭资源丰富的内蒙古、陕西和河南等地区。

第3章 消费视角下中国燃煤电厂隐含大气重金属排放清单

——以大气汞为例

随着经济的发展,我国区域贸易往来频繁,产业外包趋势不断增强,在消费活动驱动下,大气重金属排放跨越地理限制,在不同区域和产业之间发生了转移。具体而言,发达地区通过产业转移将资源密集型、能源密集型、污染集中型产业转移至经济欠发达地区,比如,北京市已经逐步关停了所有燃煤电厂,转而从内蒙古等地区进口电力来满足本地的电力消费。通过进口电力,北京将大气重金属排放转移到了内蒙古等地区。依据"生产者责任"原则,北京市进口电力产生的大气重金属排放责任将由内蒙古等地区承担,导致出现责任分配不公平的后果。现实中,经济发达地区将高排放、高污染行业转移至经济欠发达地区,转而从欠发达地区购买相关行业产品,以减少本地排放。然而,相比于发达地区,欠发达地区污染物排放标准相对宽松,污染物控制设施的安装比例相对更低,生产同样数量的产品,其排放往往高于发达地区。这将导致发达地区和欠发达地区出现"此升彼降"的尴尬局面,不利于国家总体减排[51]。此外,过重的减排压力可能导致欠发达地区无法承担相关的减排成本,难以完成减排任务,从而造成严重的环境污染和生态恶化。因此,有效控制大气重金属排放依赖于生产者和消费者的共同减排。基于消费视角下的大气重金属排放清单的核算方法可以作为生产视角下减排策略设计的补充,能够追踪大气重金属排放转移路径和最终需求责任,帮助决策者制定更加公平合理的污染物治理措施,从而有效解决生产视角下的"污染转移""此降彼升"等现实难题。

为厘清消费视角下中国燃煤电厂相关大气重金属排放情况,识别大气重金属的省级转移路径,本章以大气汞排放为例,结合投入产出模型和生产视角下的大气汞排放清单,拟编制消费视角下中国省级燃煤电厂隐含大气汞排放清单、省际排放转移清单以及部门级排放清单,识别消费视角下大气汞排放的重点省份和部门。

3.1 消费视角下隐含大气汞排放核算方法

3.1.1 消费视角下隐含大气汞排放清单

本节选取典型的大气重金属——大气汞排放作为消费视角下的中国燃煤电厂大气重金属排放量核算的研究对象,进一步分析消费视角下的大气重金属排放清单以及区域间的排放流动。具体的核算方法如下:

$$C = f \cdot (I-A)^{-1} \cdot y \tag{3.1}$$

式中,C 为消费视角下的大气重金属排放量,一般又称为隐含排放量,即某类消费活动引起的直接和间接大气重金属排放量;f 为 $1 \times n$ 的排放强度矩阵,为单位总消费的直接排放量;I 为 $n \times n$ 的单位矩阵,A 为直接消耗系数矩阵,$(I-A)^{-1}$ 是列昂惕夫逆矩阵,该矩阵能刻画国民经济各部门之间错综复杂的经济关联,能揭示部门单位最终的直接和间接投入需求,可以用来表示生产结构;y 是最终需求,是一个 $n \times m$ 的矩阵,其中,n 为部门的数量,m 为最终需求的种类。因此地区 i 部门 j 的隐含大气汞排放量为

$$C_{ij} = \sum_{m=1}^{n} C_{ijm} \tag{3.2}$$

最终需求一般分为城市居民消费、农村居民消费、政府购买、固定资本形成和出口,其中,城市居民消费、农村居民消费和政府购买之和也可统称

为"消费"。由于投入产出表的编制情况有差异,2010 年多区域投入产出表的最终需求矩阵只划分为消费、固定资本形成和出口三种类型。

本章排放清单的不确定度计算方法及模型和第 2 章的相同,因此这里不再赘述。另外,计算消费视角下隐含大气汞排放量的方法本身具有一定的不确定度,即投入产出模型的不确定度,这不在本章内容的考虑范围内,因此未做具体研究。

3.1.2　相关数据来源

受数据的可获取性的限制,本章只计算 2007 年、2010 年和 2012 年中国 30 个省级行政区(除香港、澳门、西藏、台湾)及各省(区、市)30 个部门所消耗的 7 种一次能源(煤、焦炭、原油、汽油、煤油、柴油和燃料油)所产生的大气汞排放。

各省(区、市)分部门的能源活动数据来源于中国碳核算数据库(carbon emission accounts & datasets,CEADs)。全国能源消耗清单及各省份能源消耗量数据来自中国能源统计年鉴或根据已有文献整理获得[184,185]。本章在能源活动数据清单的基础上,按照热值当量法进行转化,对所有种类的一次能源统一以标准煤计量其能源消耗量。燃煤的排放因子来自 Wu 等[40],其他能源类型(焦炭、原油、汽油和煤油)的排放因子来源于 Chen 等[63]。由于数据的缺失,本章通过线性平均法估算 2007年和 2012 年的排放因子数据。值得注意的是,焦炭、原油、汽油、煤油、柴油和燃料油的大气汞排放因子相对较小且能源活动参数也相对较小,甚至可以忽略不计。因此,本章中与化石能源相关的大气汞排放结果是由燃煤相关部门,尤其是电力部门的大气汞排放结果主导。根据已有文献,本章总结了研究期间不同污控设备组合(APCDs)在燃煤电厂锅炉及工业锅炉中的安装比重(见表 3.1)。另外,本章补充了 2012 年工业锅炉污控设备的分布状况(见表 3.2)。

表 3.1 污控设备在主要燃煤部门中的安装比例[40]

排放源	污控设备组合	不同污控设备组合的应用率/%		
		2007 年	2010 年	2012 年
燃煤电厂锅炉	旋风除尘器	0.0	0.0	0.0
	湿式除尘器	8.0	0.0	0.0
	ESP	80.0	13.0	0.0
	FF	0.0	1.0	0.0
	ESP＋WFGD	11.0	68.0	13.9
	FF＋WFGD	0.0	5.2	0.2
	ESP-FF＋WFGD	0.0	0.0	1.4
	SCR 系统＋ESP＋WFGD	1.0	11.2	63.4
	SCR 系统＋FF＋WFGD	0.0	0.8	4.0
	SCR 系统＋ESP＋WFGD＋WESP	0.0	0.0	2.5
	SCR 系统＋ESP-FF＋WFGD	0.0	0.0	14.6
工业燃煤锅炉	湿式除尘器	73.0	73.0	47.0
	IDRD①	0.0	0.0	41.0
	FF＋WFGD	0.0	0.0	11.0
	ESP-FF＋WFGD	0.0	0.0	1.0

①IDRD 的中文全称为一体化除尘装置。

表 3.2 工业锅炉的污控设备及其相关参数[40,170]

污控设备组合	比重/%	平均脱除效率/%	标准差	分布
湿式除尘器	47	23	18	正态分布
IDRD	41	38	21	正态分布
FF＋WFGD	11	86	10	正态分布
ESP-FF＋WFGD	1	95	2.7	正态分布

中国 2007 年和 2010 年的多区域投入产出表来自中国科学院地理科学与资源研究所[186,187]，2012 年的多区域投入产出表来自 CEADs[125]。由于能源活动数据的部门划分和中国多区域投入产出表中的部门划分不一致，为保持两个模型汇总的部门数量和边界一致，本章将能源平衡表中的 45 个部门进行合并，使之与投入产出表中的 30 个部门相对应（见附表 1.3）。

为避免通货膨胀效应，保持多区域投入产出表中经济活动数据的可比性，本章以 2007 年为基年，使用双重通货紧缩法调整了 2012 年和 2010 年的经济数据[54,188]，相关价格指数来自对应年份的《中国统计年鉴》。分省区、分部门的产业增加值和各省区的生产总值来自对应年份的《中国统计年鉴》。另外，为保持部门分类的合理性，本章未将最终消费的能源消耗计算在内。

3.2　消费视角下隐含大气汞排放清单

下文将从不同省区隐含排放层面、省份间排放流动层面以及不同省份的部门分布情况层面来对隐含大气汞排放进行分析说明。多方位分析可以更好地厘清中国隐含大气汞的排放趋势，明晰生产视角下大气汞排放是如何通过区域贸易转移至其他地区的，同时也能更好地明晰不同行业在产业链中的地位和角色。

3.2.1　省级尺度下隐含大气汞排放清单

2007—2012 年，在未排除国际贸易影响的前提下，中国的隐含大气汞排放量总体有所减少，但是稍有波动，呈现先减少而后又增加的趋势。具体而言，2007 年中国的隐含大气汞排放总量高达 249.3 t，到 2010 年排放量有所下降，为 230.6 t，但是在 2010—2012 年期间，排放量又增长了 7.6 t，达到 238.2 t。从省区来看，山东、江苏、广东的隐含大气汞排放量位居前三（见图 3.1）。由于在 21 世纪初，中国的经济结构还是以第二产业尤其是高耗能的重工业为主，因此固定资本形成和消费等最终需求引致的隐含大气汞排放量相对较高。在研究期间,东部沿海省份的隐含大气汞排放量相对较高,尤其是经济发达且人口众多的山东、广东、浙江和江苏;而西部地区,尤其是新疆、甘肃和青海等地的隐含大气汞排放量相对较低。此后,不同省区经济结构有所变化,如沿海地区通过产业结构升级,经济结构逐渐向第三产业和高新技术产业调整,因此东部沿海地区的隐含大气汞排放量都有所下降,而中部地区承接了东南沿海地区转移的产业,其隐含大气汞排放量大多呈现增长趋势。西部地区由于地广人稀,经济发展水平不高,因此隐含大气汞排放量变化不大。

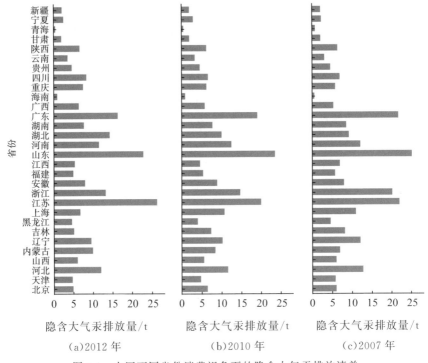

图 3.1　中国不同省份消费视角下的隐含大气汞排放清单

有 16 个省份的隐含大气汞排放量在 2007—2012 年期间有所减少。其中,浙江的隐含大气汞排放量减少了 6.7 t,减排量位居第一;广东以 5.2 t 的减排量位居第二;上海以 4.2 t 的减排量紧随其后,位居第三。减排最为明显的地区多是位于东部沿海地区的省份。因为东部沿海地区的发达省份在此期间通过产业结构升级,逐渐将高污染、高耗能的产业转移到其他欠发达地区,并开始注重高新技术产业和第三产业的发展,因此在保持经济增长的同时,还实现了隐含大气汞减排。

另外,有 14 个省份的隐含大气汞排放量呈现增长趋势,排放量增长最为明显的是经济飞速发展的省份,其中湖北的隐含大气汞排放量在研究期间增长了 57.1%(从 2007 年的 9.1 t 增长到 2012 年的 14.3 t),经济总量在研究期间增长了 138.4%。湖北经济在此期间的腾飞使其对电力的需求持续升高,从而增加了对煤电的消耗。江苏和内蒙古的隐含大气汞排放量分别增长了 4.4 t(从 2007 年的 21.7 t 增长到 2012 年的 26.1 t)和 3.1 t(从 2007 年的 6.9 t 增长到 2012 年的 10.0 t),分别增长了约 20.3% 和 44.9%。值得注意的是,2007—2012 年,海南通过发展以旅游业为主的服务业,快速提升了自身的消费能力,导致其隐含大气汞排放量几乎翻倍。

3.2.2 最终需求的排放结构

2007—2012 年,固定资本形成主导了隐含大气汞排放,并且所占比重不断升高,从 2007 年的 38.18% 上升到 2012 年的 49.45%。这主要是由于研究期间我国建筑行业尤其是房地产行业的蓬勃发展拉动了电力、钢铁等能耗大且排放强度高的部门的大气汞排放。具体而言,从省份角度来看,2007 年,固定资本形成在五个省份的占比超过 50%,分别为江西(58.2%)、青海(53.9%)、重庆(53.3%)、海南(52.3%)和河南(52%)。2010 年,仍然是固定资本形成导致的隐含大气汞排放占比最大,在重庆的占比甚至超过 60%,且在超过一半省份的占比大于 50%。固定资本形成导致的隐含大气汞排放所占比重在 2012 年进一步攀升,在除广东以外的所有省份占比都超过 40%,其中在重庆甚至超过 70%,高达 73.6%,另外,海南(65.1%)和山西(61.1%)的固定资本形成占比都超过了 60%(见图 3.2)。这是由于我国政府在 2000 年推出了"西部大开发"战略,并于 2006 年颁布了《西部大开发"十一五"规划》,重点扶持中西部地区基础设施建设,使得中西部省区由固定资本形成导致的隐含大气汞排放占比明显高于其他省区。

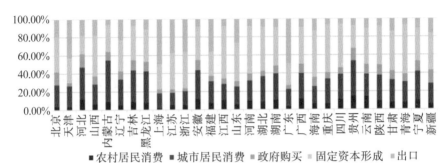

（a）2007 年

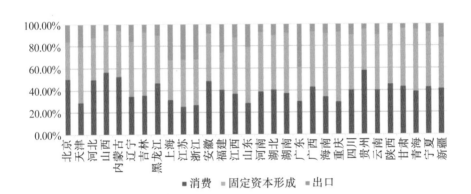

（b）2010 年

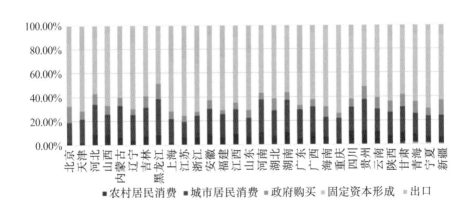

（c）2012 年

图 3.2　省级最终需求导致的隐含大气汞排放占比

消费所带来的隐含大气汞排放占比总体位居第二。但相对而言,消费对隐含大气汞排放的影响在逐渐降低,这在内蒙古、宁夏和河北尤为明显。具体而言,贵州、河北、宁夏、安徽和吉林的消费占比在2007年都超过了50%,这是因为在以上几个省份中,消费是拉动经济增长的主要动力,而消费在上海、江苏、浙江和广东等发达省份的占比仅为20%左右。2010年,北京、河北、内蒙古和贵州最终消费导致的隐含大气汞排放是由消费占主导地位的,所占比重超过50%。到2012年,由于东北地区经济下行,固定资本形成减少,黑龙江由消费导致的隐含大气汞排放占比超过50%。从具体的消费形式来看,城市居民消费导致的隐含大气汞排放基本占总消费隐含大气汞排放的50%~77%,其中城市化水平高的天津、上海、广东所占比重较高,而城市化水平低的新疆、云南、江西等地所占比重较低。另外,辽宁、吉林和黑龙江等工业化程度较早的省区城市,居民消费占比也相对较高。

出口所带来的隐含大气汞排放在研究期间占比相对都较小,只有在个别沿海省份的占比相对较高,比如上海、广东和天津三个省份的出口是其最主要的隐含大气汞排放来源,导致的隐含大气汞排放在2007年的占比超过了40%。2010年,只有广东、上海、浙江和江苏由出口导致的隐含大气汞排放占比超过30%,在其他省份仅占10%左右。2012年,广东由出口带来的隐含大气汞排放占比达到40.3%,其他省份的占比都在10%~30%之间。由于中国21世纪初的出口贸易主要以小型电子产品及纺织产品为主,因此,各省份由出口导致的隐含大气汞排放主要来自通信设备、计算机及其他电子设备制造业、电气机械及器材制造业以及纺织业。另外,2007—2012年,由出口导致的隐含大气汞排放在不同省份的占比普遍呈下降趋势,其中下降最为明显的是黑龙江,占比下降超过40%。这是因为中国在该期间的出口环境较差,且国内需求高涨,挤占了出口所占比重。

3.2.3 省份间隐含大气汞排放流动

图3.3展示了三个年份中不同省份之间隐含大气汞排放的流动情况。由于不同省份之间经济往来频繁,省份之间隐含大气汞排放流动明显且结构复杂。在研究期间,排放流动总量呈现先下降后上升的趋势。2007年、2010年和2012年的总排放流动量分别为133.45 t、97.09 t和98.24 t。总体而言,经济发达的省份基本是隐含大气汞排放净流入的地区,而能源大省,尤其是中部地区的煤电大省,主要是隐含大气汞排放净流出的地区。沿海等地区的发达省区(即浙江、江苏、广东、上海、北京和山东)通常通过产业转移将高隐含大气汞排放的产品外包给其他邻近的或中西部等地区的省份(即内蒙古、山西、河南、河北、安徽和贵州),且这种情况随着时间的推移愈发明显,这也说明在不同排放责任分摊原则下中国地区之间减排责任是不对等的。

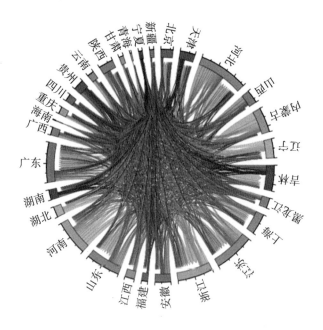

(a)2007年省份间隐含大气汞排放流动

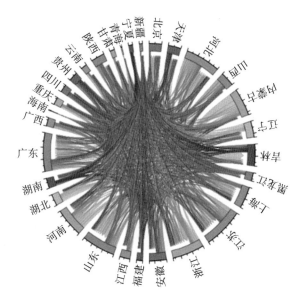

（b）2010 年省份间隐含大气汞排放流动

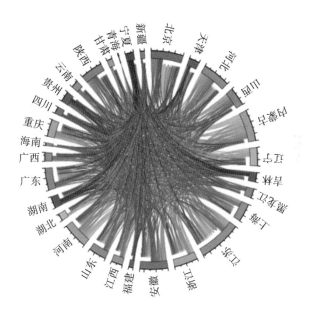

（c）2012 年省份间隐含大气汞排放流动

图 3.3　不同年份省份间隐含大气汞排放流动

2007 年,内蒙古是最大的隐含大气汞排放净流出省份,高达10.21 t,河南以 7.99 t 位居第二,山西(4.98 t)、河北(4.53 t)和贵州(4.16 t)紧随其后(见图 3.4)。这些省份大多是中国重要的煤炭大省,也是中国主要的煤电大省,在经济产业链中扮演着为其他省区供给电力的角色,因此其净流出排放量较大。贵州作为净流出省份还归因于当地煤炭中汞含量较高,所以贵州的煤电相对其他省份来说,大气汞排放强度更高,贵州通过省份间贸易向天津、福建等地区输出隐含大气汞排放强度高的产品。相反,广东由区域贸易导致的隐含大气汞排放量净流入高达 9.47 t,位居第一;浙江位居第二,净流入汞排放量高达 8.35 t;上海(5.58 t)、北京(3.77 t)和江苏(2.23 t)也是 2007 年主要的隐含大气汞排放量净流入的省份。这些省份大多位于中国经济相对较为发达的地区,经济结构以高新技术产业和第三产业为主,因此主要通过区域贸易来引进相关高隐含大气汞排放量的产品(如煤电)用于自身消费。值得注意的是,吉林(2.76 t)、黑龙江(0.31 t)在 2007 年也是隐含大气汞排放量净流出的省份,但是辽宁(1.62 t)是净流入省份,这是因为前两者的经济主要依靠煤电输出,而辽宁承接了一部分河北和吉林的高隐含大气汞排放量的产品。另外,2007年,内蒙古—吉林(4.24 t)、江苏—浙江(2.59 t)、内蒙古—山东(2.10 t)、河北—江苏(1.85 t)和河北—浙江(1.84 t)是最主要的几条隐含大气汞排放流动线路。

2010 年和 2012 年总体都有相似的表现,即内蒙古、河南、山西和河北是主要的隐含大气汞排放净流出地,而广东、上海、浙江、北京和山东等发达省份是主要的隐含大气汞排放净流入地(见图 3.4)。不同的是,2010年主要的几条转移线路为内蒙古—吉林、江苏—浙江、内蒙古—山东、山西—山东和河南—江苏,而 2012 年主要的转移线路为内蒙古—北京、安徽—江苏、山西—北京、河南—江苏以及河北—江苏。值得一提的是,2012 年,北京承接的隐含大气汞排放量流入增长明显,高达 8.54 t。

2007—2012 年,浙江、广东和上海由区域贸易导致的隐含大气汞净流入排放量有所减少,这是由以上地区引入的产品变得更加清洁,单位产品中的隐含大气汞排放量有所减少所导致的,同时也说明其上游产业链上省份的生产方式变得更加清洁高效。相对而言,江苏由区域贸易所导致的隐含大气汞排放量在增加,从 2007 年的 2.23 t 增长到 2012 年的 6.93 t,这主要是由于其生产方式更加清洁化,因此其隐含大气汞排放量流出从 2007 年的 9.67 t 下降为 2012 年的 5.67 t,在其隐含大气汞排放量流入大体不变的情况下,其净流出量相对增加。另外,河南和河北的隐含大气汞净流入排放量也在逐年减少,这主要得益于本省生产方式的改进,使得其流出的隐含大气汞排放量减少。如河南在 2007 年的隐含大气汞排放量流出为 13.34 t,到 2010 年仅为 6.59 t。

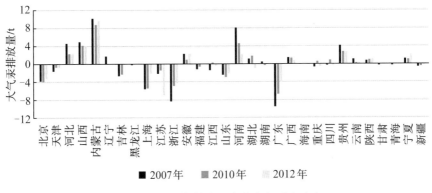

图 3.4　不同年份省级隐含大气汞净流出

3.2.4　部门尺度下隐含大气汞排放清单

图 3.5 展示 2007—2012 年各省份具体部门的隐含大气汞排放量,其中其他行业是剩余 25 个部门的总和。建筑业的直接排放量较少,却是隐含大气汞排放量最大的部门,约占总隐含大气汞排放量的 1/4。然而,不同省份的建筑部门对隐含大气汞排放的贡献差别巨大,例如,海南、云南和重庆建筑业的隐含大气汞排放量占本省排放总量的 40% 以上,而在上海、广东和山东等地区,由建筑业导致的隐含大气汞排放量占比不到 20%。除黑龙江、广东和江苏外,2007—2012 年,建筑业的隐含大气汞排放量在大多数省份持续增加,这是由于研究期间房地产等基础设施建设行业获得极大发展,相关固定投资激增,推动煤电、钢铁、水泥等高排放产品的消费,从而导致该行业隐含大气汞排放量增长。

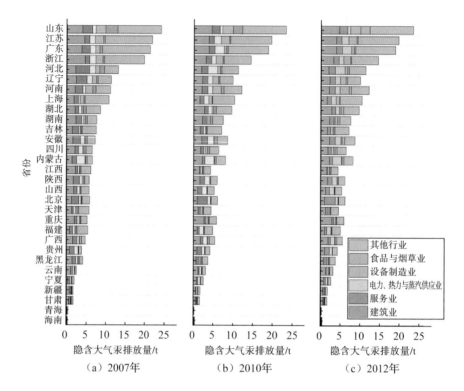

图 3.5　中国不同省份部门级隐含大气汞排放清单

　　服务业(此处为所有服务业总和)的隐含大气汞排放量在所有行业中位居第二。具体来说,在北京和贵州,服务业的隐含大气汞排放量占其总排放量的 25%～50%,但在江苏、浙江,服务业的隐含大气汞排放量占比仅为 10% 左右。此外,河北、辽宁和吉林由服务业导致的隐含大气汞排放量急剧下降,平均下降了近 2 t,导致服务业的隐含大气汞排放量占比从 2007 年的 19.29% 下降到 2012 年的 15.96%。

　　电力、热力与蒸汽供应部门作为生产视角下最大的大气汞排放部门,在消费视角下也占据着不可忽视的地位,是消费视角下隐含大气汞第三大排放部门,占各省份总隐含大气汞排放量的 2.87%～30%。2007 年,电力、热力与蒸汽供应部门是内蒙古隐含大气汞排放量最大的部门,高达 2.02 t,占比为 29.36%;该部门在河北的隐含大气汞排放量为 1.50 t,位居第二,在广东以 1.45 t 紧随其后。另外,贵州电力、热力与蒸汽供应部门的隐含大气汞排放量占该省排放总量的比例超过了 20%,说明贵州该部门的排放强度较高,是未来减排的重点。电力、热力与蒸汽供应部门的隐含大气汞排放量所占比重在逐年下降,在 2012 年最高占比为 13.88%(黑龙江),说明电力、热力与蒸汽供应行业的排放强度在逐渐下降。然而,其他生产视角下排放量大的行业,如煤炭开采、金属冶炼、非金属矿物产品制造的最终需求相对较小,其隐含大气汞排放量占比只有 1.98%~3.60%。

3.3　不确定度分析

图 3.6 展示了消费视角下大气汞排放清单的不确定度。由图可以看出,三个年份的不确定度相差不大,分别为(-32.41%,33.29%)、(-32.37%,33.28%)、(-33.2%,33.37%)。另外,附表 1.4 展示了中国省级大气汞排放清单的不确定度,由表可以看出,省级之间的不确定度差异较小,且年度变化不大。其中,2007 年不确定度最大的省份为北京,为(-33.22%,34.38%);2012 年不确定度最大的省份为海南,为(-32.24%,33.40%)。

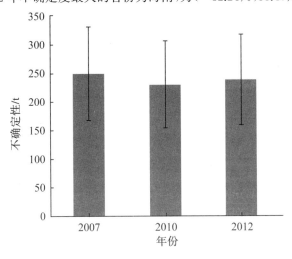

图 3.6　消费视角下大气汞排放清单的不确定度

本章隐含大气汞排放清单的不确定度主要来源于中国省级能源活动数据、不同种类能源大气汞含量数据以及不同燃煤锅炉的末端治理措施。具体而言，中国省级能源活动数据的整理具有一定的差异性，为保证整体和国家统计年鉴数据相符，在整理不同省份的能源活动数据时，进行了一定的必要性检验，对一些不合理的能源活动数据进行了一定的调整。另外，本章不同省份以及不同种类能源中的大气汞排放数据来源于已有文献，并非各省份各行业的实测数据，因此与现实情况存在出入。最后，本章中不同锅炉的污控设备组合的安装情况是省级加权平均值，并未具体到不同年份的各企业，因此，对于污控设备组合对大气汞排放的脱除效率高于省级平均值的企业或行业，本章高估了其排放因子，会导致其排放量高于实际值；而对于污控设备组合对大气汞排放的脱除效率低于省级平均值的企业或行业，本章低估了其排放因子，会导致其排放量高于实际值。

3.4 生产和消费视角下的隐含大气汞排放清单对比

表3.3展示了生产和消费视角下不同省份所承担的隐含大气汞排放责任之间的差值。本章大致将上述省份分为四类：第一类为生产视角下隐含大气汞排放量大于消费视角下隐含大气汞排放量的省份，包括内蒙古、河南、山西、湖北、贵州、安徽、广西、宁夏；第二类为消费视角下隐含大气汞排放量大于生产视角下隐含大气汞排放量的省份，包括广东、浙江、上海、北京、山东、江苏、天津；第三类是生产和消费视角下的隐含大气汞排放量相差不大，但是不同年份之间存在净流入和净流出转换的省份，包括吉林、江西、重庆、四川、青海、湖北、辽宁、海南、湖南；第四类是生产和消费视角下的隐含大气汞排放量相差不大且在研究期间均为净流入或净流出的省份，包括福建、新疆、黑龙江、甘肃、陕西、云南。下文将对不同种类的省份进行逐一分析。

表3.3 不同省份生产和消费视角下隐含大气汞排放量之间的差值　　　单位:t

省份	2007 年	2010 年	2012 年	省份	2007 年	2010 年	2012 年
广东	−9.47	−6.68	−4.13	甘肃	−0.24	−0.15	−0.10
浙江	−8.36	−4.99	−4.31	海南	−0.01	0.01	−0.27
上海	−5.58	−5.56	−2.26	湖南	0.44	−0.11	−0.01
北京	−3.77	−3.99	−3.35	陕西	0.77	0.91	1.03
吉林	−2.76	−2.40	0.11	云南	0.89	0.22	0.06
山东	−2.46	−3.01	−2.17	湖北	1.21	1.84	−0.96
江苏	−2.23	−1.52	−6.98	宁夏	1.22	1.03	2.10
天津	−1.65	−0.74	−0.71	广西	1.42	1.31	0.84
江西	−1.51	0.24	−0.47	辽宁	1.62	−0.01	−0.16
福建	−1.21	−0.67	−0.19	安徽	2.22	0.88	2.27
重庆	−0.82	0.61	−0.71	贵州	4.16	2.74	2.69
新疆	−0.68	−0.51	−0.35	湖北	4.53	2.28	2.27
四川	−0.32	0.76	−0.47	山西	4.98	4.22	4.12
黑龙江	−0.31	−0.09	−0.05	河南	7.99	4.55	2.20
青海	−0.26	−0.06	0.37	内蒙古	10.21	8.89	9.61

　　第一类省份多是煤矿资源丰富的煤电大省,不仅如此,这类省份大多位于经济发达省份的周边。其中,内蒙古、山西和河南的煤炭储量位居全国前列,开采量也位居全国前列,内蒙古、山西、河南和辽宁位于京津冀经济带。具体而言,内蒙古是目前中国电力装机容量最大的省份,在 2020 年高达 $1.458\ 1×10^6$ kW,原煤消耗 $1.025×10^9$ t,是中国重要的能源战略资源基地,其能源生产总量约占全国的 1/6,外输能源占全国跨区能源输送总量的 1/3,在保障全国能源供应和经济发展格局中具有重要战略地位。安徽和河南位于长三角经济带周边,因此,承接了长三角在产业结构升级时转移的很大一部分高能耗和高污染的企业,这会使得如安徽和河南等引入地区在生产视角下的隐含大气汞排放量增加,但是长三角地区的发达省份又会通过区域贸易进口相关产品,所以安徽、河南等地逐渐成

为经济发达的长三角地区的消费品生产基地。这不仅会导致安徽等地区生产视角下的隐含大气汞排放量增长,还会进一步导致长三角地区消费视角下的隐含大气汞排放量增加。贵州是珠三角地区的能源供应基地之一,不仅如此,贵州当地煤炭中的重金属含量相对于其他地区较高,两者共同导致贵州生产视角下的隐含大气汞排放量远高于消费视角下的隐含大气汞排放量。因此,这类省份生产视角下的大气汞排放量比消费视角下的隐含大气汞排放量大,即差值大于0,这也说明经济欠发达的省份多扮演隐含大气汞净流出者角色。

第二类省份基本位于中国发达的沿海地区,如京津冀、长三角和珠三角,以上地区相对于中国整体而言比较发达,居民生活水平高且消费能力强,经济多以第三产业和高新技术产业为主,同时背靠中国腹地。这类省份一方面通过资本投资和产业转移,将本省高污染、高排放的产业转移至其他地区,另一方面通过进口电力等高排放产品来满足本省的最终需求。例如:北京在2020年的用电量高达1.14×10^{11} kW·h,然而其在2021年的发电量仅为4.59×10^{10} kW·h,因此一半以上的用电量为外省输入;浙江在2021年的发电量为4.018 3$\times 10^{11}$ kW·h,但是其用电量为4.83×10^{11} kW·h,也有近1/5的用电量需要从其他省份进口。所以该类省份的能源消耗能力尤其是电力消耗能力远大于本省的发电能力。此外,随着首钢等大型工业企业的迁出,北京对钢铁、有色金属、水泥等高能耗、高排放工业产品进口的依赖程度也日渐加深,以满足其不断增长的固定资本形成和消费等最终需求。因此,该类省份在进口电力和钢铁等产品时,也给本省带来了相当量的与能源相关的隐含大气汞排放量。综上而言,这类省份在生产视角下的隐含大气汞排放量小于消费视角下的隐含大气汞排放量,因此差值小于0,这说明经济发达的省份扮演着消费者的角色,同时也是隐含大气汞净流入地。

第三类省份在2007—2012年之间扮演的角色有所转变。其中吉林和青海在2007年和2010年两个视角下的隐含大气汞排放量差值小于0,即生产视角下与能源相关的隐含大气汞排放量小于消费视角下的隐含大气汞排放量,如吉林在2007年和2010年两个视角之间的排放差值为-2.76 t和-2.40 t,但是到2012年,两者之间的差值转化为正数

(0.11 t)。不过青海在两个视角下的排放量差异并不明显,在 2007 年为
−0.26 t,在 2010 年为−0.06 t,而在 2012 年为 0.37 t。这说明吉林和青
海在 2007—2012 年期间从能源消费者转变为能源生产者。吉林主要是
因为不再担任电力输出者的角色;借助于西部大开发、西电东送等战略,
青海近年来开发了本省的能源资源,逐渐成为能源输出省份。

　　第四类省份在两个视角下的隐含大气汞排放量相差不大且角色保持
一致。具体而言,福建在研究期间一直是消费视角下的隐含大气汞排放
量大于生产视角下的隐含大气汞排放量,说明福建从其他省份进口的产
品隐含大气汞排放量要略大于其向其他省份出口的产品隐含大气汞排放
量。相反,陕西在研究期间两个视角下的隐含大气汞排放量的差值一直
为正,说明陕西一直都是隐含大气汞净输出省份,这主要是因为陕西是中
国主要的能源大省尤其是煤电大省,因此,有一部分能源用于满足周边省
份的需求。

3.5　减排政策建议

　　本章基于生产视角下的大气重金属排放清单和环境投入产出模型,
以大气汞排放为例,核算了消费视角下各省份的隐含大气重金属排放及
省份之间的环境排放流动情况。结果发现,发达省份通过区域经济往来
转移了本省高污染的产业,并引进相关产品来满足自身最终需求,这虽然
有利于减少其生产视角下的大气汞排放量,但是从国家整体视角来看不
一定利于减排。

　　本章通过比较生产和消费视角下不同省份的隐含大气汞排放清单,
对不同省份未来的综合减排提出如下有效建议:

　　(1)对于生产视角下排放量大于消费视角下排放量的地区,如山西、
河南、内蒙古、湖北、贵州、安徽和陕西,应将减排的重点放在排放源控制
上,如燃煤电厂末端升级改造和能效提升。另外,中国燃煤电厂未来的减
排任务依然艰巨,但是目前已有措施的减排潜力有限,未来的减排策略还
需进一步升级,比如进一步安装专门应对重金属排放的污控设备,提前淘
汰重金属排放强度高的燃煤电厂,增加中国燃煤电厂的洗煤比重等。

（2）对于消费视角下排放量大于生产视角下排放量的省份，尤其是广东、浙江和江苏，如对燃煤大气重金属密集型产品的需求仍持续增长，仅从源头加大减排力度只会带来减排成本提升、边际减排效应递减等问题。因此，这些省份不仅应该控制其大气重金属密集型生产活动，还应该在需求侧做出努力，如合理调节资本投资的方向和规模，倡导绿色投资和消费，尤其要在建筑行业等高耗电行业推动循环经济等。

（3）由于中国资源禀赋和经济发展的空间异质性，发达省份（如北京、上海、广东）的大气重金属排放主要通过区域贸易转移至不发达省份，这虽然减少了发达省份的排放量，但增加了不发达省份的排放量，可能导致国家的总排放量增加。因此，发达省份可将资金投入到开发可再生能源和提高传统能源的效率等领域，帮助欠发达省份推动能源清洁低碳转型。

本章小结

本章结合生产视角下的隐含大气汞排放清单及环境投入产出模型，编制了消费视角下中国省级隐含大气汞排放清单，对生产和消费视角下的隐含大气汞排放清单进行对比分析，并根据研究结果，对不同地区进行系统性重金属减排提出了政策建议。本章主要获得了以下结论：

（1）东部沿海省份的隐含大气汞排放量相对较高，其中经济发达且人口众多的山东、广东和江苏的隐含大气汞排放量位居前三；而西部省份，如新疆、甘肃和青海等地的隐含大气汞排放量相对较低。

（2）东部沿海地区的隐含大气汞排放量都有所下降，其中广东以 5.2 t 的减排量位居榜首；而中部地区的隐含大气汞排放量大多呈现增长趋势，其中湖北和内蒙古的隐含大气汞排放量在 2007—2012 年期间增长了 50% 左右。

（3）经济发达地区消费视角下的隐含大气汞排放量大于其生产视角下的隐含大气汞排放量，说明其将部分大气汞排放通过贸易转移给其他地区，而经济欠发达的省份则相反。

第4章 "共担责任"原则下减排责任划分

"生产责任"原则可能会导致无效减排,如北京为保护本地生态环境,已经逐步关停本地多数燃煤电厂,同时,为填补本地电力生产与消费之间的空缺,2017年北京电力消费中有70%是由内蒙古和山西引进。然而在一定时期内,北京的燃煤电厂由于污控设备完善,对大气汞的脱除效率较高,其排放因子远低于内蒙古和河北。因此,从全国角度来看,北京减少本地煤电生产,引进外地煤电,将会导致全国大气汞的排放量增加。综上,"生产责任"原则存在以下问题:一是可能导致经济欠发达的大气汞排放输出省份无法承担减排成本,从而难以完成减排任务,进而导致环境污染加重;二是可能加剧发达地区转移重污染高排放产业的情况,从而导致出现发达地区重金属排放量减少,但全国总体排放量增加的窘境[51]。

"消费责任"原则虽然涵盖了省际贸易的间接排放,避免了"排放泄漏""此降彼升"等问题,但也存在一定的缺点。例如,内蒙古2012年基于"生产责任"原则的大气汞排放量约为基于"消费责任"原则的大气汞排放量的两倍,因为其本地生产的大部分煤电(汞密集型产品)主要用来满足周边地区的电力需求,所以内蒙古在"消费责任"原则下无须为此承担减排责任。因此,在"消费责任"原则下具有营利性质的企业将缺乏更新污控设备和燃煤技术的动力,从而导致重金属排放源所在地不受管制。另外,如果将责任归咎于消费者,复杂的区域贸易会增加污染责任的核算难度,导致政策可操作性降低、政策执行成本增加等问题[88]。

因此,亟须建立一个既能约束污染排放源,又能引导绿色产品消费的污染排放责任分摊制度。为促进供应链上的多方参与者积极响应重金属污染治理行动,部分研究者开始提倡使用"共担责任"原则来划分排放责任。在"共担责任"原则下,每个省份都应对其生产活动和消费活动导致的污染排放负责,这可以促进供应链上的各方积极参与污染物减排行动。但目前尚未有研究从"共担责任"原则角度对中国大气重金属排放责任进行实证分析。

综上所述,本章承接前两章生产视角和消费视角下的中国省级大气汞排放清单,研究分析"共担责任"原则下中国各个省份排放责任的划分情况,为中国公平、合理地划分大气污染物排放责任提供模型支持和理论保障。

4.1 "共担责任"原则下大气汞排放核算方法

本章承接第 2 章和第 3 章中生产视角和消费视角下的大气汞排放清单,基于已有研究[189],构建了"共担责任"原则模型,即对一个地区在生产视角和消费视角下的大气汞排放量根据其附加值大小进行合理分摊,具体如下:

$$S_r = a_r \cdot P_r + (1 - a_r) \cdot C_r \qquad (4.1)$$

式中,S 为"共担责任"原则下的大气汞排放量。P 为生产视角下的大气汞排放量。C 为消费视角下的大气汞排放量。r 为省份。a 为共担责任系数(也称为"排放责任分摊系数"),当 $a = 0$ 时,由消费者承担所有的污染排放责任;当 $a = 1$ 时,由生产者承担所有的污染排放责任。由于地区贸易的存在,a 是位于 0~1 的一个参数。此外,根据投入产出模型中中间投入矩阵和总产出矩阵的定义,可以通过以下公式获得每个省份的共担责任系数(a_r):

$$a_r = 1 - \frac{V_r}{X_r - T_{rr}} \qquad (4.2)$$

式中,V_r 是省份 r 的增加值,是一个 $4 \times j$ 的矩阵;X_r 是省份 r 的总产出矩阵;T_{rr} 是省份之间的中间投入矩阵。因此,$X_r - T_{rr}$ 为每个省份的净产出矩阵。

4.2 共担责任系数

图 4.1 展示了 2007 年、2010 年和 2012 年三个年份各省份的共担责任系数。由图可以发现,30 个省份在三年中的共担责任系数多大于 0.5,这是因为中国各省份间经济往来频繁,但是各个省份在生产活动中的增加值小于净产出值,说明大多数省份的生产活动的增加值并不明显,生产效率有待提升。湖北、湖南、四川、山西、江西以及黑龙江的共担责任系数在三个年份基本都大于0.7,位居前列,其中湖北最为明显,在三个年份的系数分别为0.81、0.82 和 0.83,即在"共担责任"原则下湖北需要承担 80%以上的生产视角下的排放责任,而只承担近 20%的消费视角下的减排责任。这说明湖北的消费能力相对较小,在产业链中主要是作为其他省份的产品生产者存在。其他五个省份和湖北的境况相似。上海、北京、天津和广东等发达省份的情况与以上省份相反,其共担责任系数相对较小,其中天津和上海在2007 年小于 0.5,北京和上海在 2012 年也小于 0.5。这得益于发达省份产业结构完整、高端,第三产业发达,使得本省的产品附加值较高。因此,发达省份在减排责任分摊中应该承担更多消费视角下的减排责任。

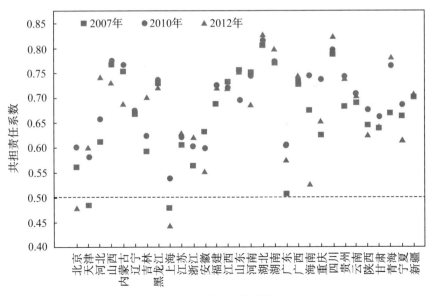

图 4.1 共担责任系数

总体来看,各省份的共担责任系数较为稳定,变化幅度都不大,说明中国不同区域的产业结构在研究期间总体变化不大,较为稳定,即发达省份的产业附加值较高,产业结构较为完整;而中部省份的产品多为下游产业的中间产品,因此在产业结构中处于生产者的地位。

4.3 "共担责任"原则下的省级排放责任划分

图 4.2 展示了 2007 年、2010 年和 2012 年各省份在"共担责任"原则下的大气汞排放量。由图可知,在"共担责任"原则下,中国能源相关的大气汞排放量在省份之间差异明显,且不同省份在年度之间也存在明显差异。其中,排放量位居前五的省份分别为山东、江苏、内蒙古、广东、河北。

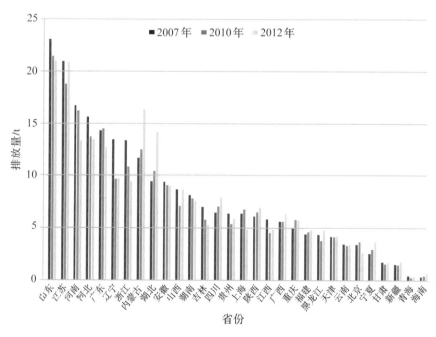

图 4.2 不同年份"共担责任"原则下不同省份与能源相关的大气汞排放量

具体而言,山东作为经济、人口和外贸大省,不管是"生产责任"原则下还是"消费责任"原则下,都是大气汞排放的最大贡献者,因此,山东的大气汞总排放量在"共担责任"原则下也是最大的,常年占据全国大气汞排放量的近 10%,在 2007 年高达 23.04 t,在 2010 年有所下降,达到 21.45 t,在 2012 年为 21.00 t。而江苏在 2007 年、2010 年和 2012 年的大气汞排放量分别为 20.95 t、18.76 t 和 20.85 t,位居第二。这主要是因为江苏是中国的经济大省,最终需求旺盛,因此消费视角下的大气汞排放量相对较大。江苏的共担责任系数相对较小,应该承担更多消费视角下的大气汞减排责任,导致其在"共担责任"原则下的大气汞排放量也相对比较大。河南在"共担责任"原则下的年均大气汞排放量达到 15.42 t,但是其排放量从 2007 年到 2012 年下降了 20%左右,具体从 2007 年的 16.7 t 下降到 2012 年的 13.36 t。这是由于河南地处沿海开放地区与中西部地区的接合部,靠近京津冀经济区,同时连接长三角经济区,是中国经济产业链上连接东西的中间地带,是中国主要的重工业基地和加工制造业基地(如河南的支柱产业之一是汽车工业),使得河南的能源消耗量巨大,同时河南的火电装机容量较大(2017 年火电装机容量为 $6.601\ 29 \times 10^7$ kW),因此生产视角下与能源相关的大气汞排放量也很大。不仅如此,河南有近 1 亿人口,约占全国总人口的 7%,人口密度高,最终需求旺盛,消费视角下的隐含大气汞排放量也相对较大。因此,河南在"共担责任"原则下的大气汞排放责任不可避免地位居前列。河北及内蒙古与河南的情况相似。以上省份的大气汞排放量在 30 个省份中位居前五,在研究期间占据了全国总排放量的近 40%,不同年份占比分别为 37.63%(2007 年)、37.35%(2010 年)和 34.77%(2012 年)。相反,大气汞排放量最低的五个省份合计占比小于大气汞总排放量的 5%。

另外,浙江、河南和辽宁的大气汞排放量在"共担责任"原则下呈现下降趋势,下降速率超过 20%,说明以上省份的生产结构或消费结构在研究期间都进行了一定程度的升级。具体而言,浙江通过产业结构升级,将一些高污染、高能耗、高排放的产业转移至邻近省份,如安徽、湖北等地,从而降低了本省的大气汞排放量。随着经济的发展,辽宁和河南的经济结构已开始从能源资源型向高新技术产业转型。东北三省本是中国的煤炭生产基地,但由于近年来本地煤炭资源供给逐渐减少,辽宁逐渐开始依靠京津冀的联动发展和京津冀城市群的辐射效应,带动本省的重工业发展,进而使得本省的高耗能产业有所减少。

内蒙古、湖北和宁夏在"共担责任"原则下的大气汞排放量呈现上升趋势,增长率高达40%。这是由于研究期间内蒙古和宁夏逐渐成为中国的能源输出大省,省内重工业也获得较大发展,不管是生产视角还是消费视角下的大气汞排放量都在显著增长,这必然带来"共担责任"原则下的大气汞排放量增长。具体而言,内蒙古的经济增长速度多年来都位居全国前列,甚至在2002—2010年连续保持经济增长速度第一名,但是其经济增长方式相对粗放,产业结构中高能耗、高污染的能源产业和冶金产业比重大,因此其生产视角下的大气汞排放量巨大,同时经济增长带来的消费视角下的大气汞排放量也增长迅速。另外,部分省份如黑龙江、吉林和福建的排放趋势较为稳定。

4.4 "共担责任"原则下部门级排放责任划分

图4.3展示了"共担责任"原则下不同行业的大气汞排放责任核算结果。由图可以发现,在"共担责任"原则下,电力、热力与蒸汽供应业,煤炭开采业,建筑业和服务业承担的大气汞排放的责任较高,也是未来各省份的减排重点。作为上游行业的电力、热力与蒸汽供应业,煤炭开采业和金属制造业等行业的直接排放较为明显,加之多数省份的共担责任系数都大于0.5,所以大多数省份都是生产视角下的排放责任占主导,因此作为生产视角下排放量最大的部门——电力、热力与蒸汽供应业所属部门,也是"共担责任"原则下排放量最大的部门。而下游行业,如建筑业、服务业和设备制造业,在"消费责任"原则下承担的排放责任较大,因此在"共担责任"原则下也占据较大的比例。

在"共担责任"原则下,电力、热力与蒸汽供应业在大多数省份的排放责任划分中均占据主导地位。具体而言,2007年,江苏的电力、热力与蒸汽供应业导致了11.92 t的大气汞排放量,高居单个行业排放量榜首,山东以8.92 t位居第二,内蒙古以7.94 t紧随其后。另外,电力、热力与蒸汽供应业在河南(7.74 t)、河北(6.77 t)和浙江(6.53 t)的大气汞排放量也尤为明显。不仅如此,该行业在2007年在所有省份大气汞总排放量中所占份额都较高(20.8%～67.71%),其中占比最高的是内蒙古(67.71%)和江苏(56.91%),这也进一步证实了电力、热力与蒸汽供应业是大气汞减排的关键所在。2010年,江苏(9.92 t)、山东(8.62 t)、内蒙古(7.81 t)、河南(7.27 t)和广东(6.21 t)居电力、热力与蒸汽供应业大气汞排放量前五位。另外,电力、热力与蒸汽供应业贡献了内蒙古大气汞排放的62.35%,相对2007年有轻微下降。2012年,电力、热力与蒸汽供应业的大气汞排放量位居前五的省份分别为江苏(10.98 t)、内蒙古(10.23 t)、河南(6.82 t)、山东(6.58 t)和河北(5.62 t),相对而言,青海的大气汞排放量最小,仅为0.09 t。值得注意的是,2012年,电力、热力与蒸汽供应业大气汞排放量占比最大的省份为宁夏(63.21%),其次是内蒙古(62.49%)。另外,江苏、河南的占比也超过了50%。相比较而言,四川、重庆、北京和青海的占比只有20%左右,这主要是因为这些省份煤电占比较低。

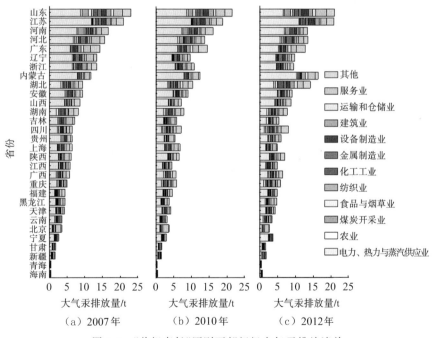

图4.3 "共担责任"原则下部门级大气汞排放清单

从变化趋势来看,电力、热力与蒸汽供应业的大气汞排放量总体占比呈现小幅上升。在研究期间的两个时间段增幅分别为 43.4%(2007—2010 年)和 40.3%(2010—2012 年)。从省份角度来看,福建、宁夏、安徽和湖南的电力、热力与蒸汽供应业大气汞排放量增加了 4.68%~99%。与全国趋势不同的是四川、重庆和云南,由于这三个省份水力资源或天然气资源丰富,电力、热力与蒸汽供应业的大气汞排放量呈现持续急剧下降的趋势。具体而言,这三个省份大气汞排放量在 2007—2012 年减少了 14.7%~20.0%。而福建、宁夏、安徽和湖南的情况正好相反,电力、热力与蒸汽供应业的大气汞排放量增加了 4.68%~99%。此外,第二产业,如煤炭开采业、化工工业以及建筑业的大气汞排放量占比也较高,尤其是在四川、重庆、江西和云南。

总体来看,其他行业对煤炭和电力的使用相对较少,因此大气汞排放责任相对较小。但是,在少数省份,服务业和建筑业也贡献了较高比例的大气汞排放。例如,北京服务业大气汞排放量占总排放量的 32.66%~36.27%。建筑业及运输和仓储业在"共担责任"原则下也是重要的排放行业,如 2007 年海南建筑业及运输和仓储业大气汞排放量合计占总排放量的 26.68%,是该省电力、热力与蒸汽供应业排放量的近 70%。

4.5 "共担责任"原则下的排放强度及人均排放量

表 4.1 列出了 2007 年、2010 年和 2012 年"共担责任"原则下中国与能源相关的大气汞排放强度和人均排放量。总体而言,省份之间的大气汞排放强度和人均排放量差距明显。具体而言,山西、宁夏和贵州的排放强度一直位居前列,其中山西的排放强度在 2007 年高达 3.09 吨/千亿元,但随后快速下降,在 2010 年和 2012 年分别下降为 1.75 吨/千亿元和 1.35 吨/千亿元,总体下降了 56.31%,略高于全国平均水平(下降了 55.14%)。这说明山西以高污染、高耗能、高汞排放量为主的产业结构和消费结构有待改善。山西目前的绝大部分投资投入了煤炭、电力等能源行业,形成了以能源原材料为主的产业结构。在研究期间,山西的产业结构也有所升级,但是由于其排放基数大,未来仍需进行产业结构调整,以求降低与能源相关的大气汞排放量。

表 4.1 "共担责任"原则下中国与能源相关的大气汞排放强度和人均排放量

省份	排放强度/(吨/千亿元)			人均排放量/(吨/千万人)		
	2007 年	2010 年	2012 年	2007 年	2010 年	2012 年
山西	3.09	1.75	1.35	5.22	4.50	4.54
宁夏	2.82	1.71	1.25	4.11	4.57	4.51
贵州	2.03	1.07	0.70	1.53	1.41	1.38
内蒙古	1.48	0.85	0.62	3.71	4.01	3.94
重庆	1.25	0.74	0.60	1.83	2.03	2.33
吉林	1.24	0.69	0.38	2.40	2.16	1.64
陕西	1.12	0.61	0.41	1.66	1.66	1.57
安徽	1.09	0.70	0.43	1.31	1.45	1.23
江西	1.07	0.44	0.34	1.35	0.93	0.98
辽宁	0.96	0.49	0.30	2.45	2.05	1.68
湖北	0.94	0.59	0.54	1.52	1.65	2.08
河北	0.91	0.55	0.39	1.80	1.56	1.43
广西	0.89	0.59	0.43	1.11	1.23	1.20
河南	0.87	0.55	0.36	1.40	1.35	1.12
湖南	0.86	0.45	0.32	1.24	1.09	1.06
天津	0.73	0.41	0.27	3.29	2.91	2.46
山东	0.71	0.47	0.34	1.98	1.93	1.77
青海	0.66	0.25	0.92	0.94	0.59	3.03
浙江	0.65	0.35	0.23	2.35	1.79	1.47
云南	0.63	0.43	0.33	0.66	0.68	0.73
甘肃	0.62	0.40	0.31	0.66	0.65	0.68
江苏	0.62	0.37	0.32	2.05	1.93	2.17
四川	0.61	0.36	0.31	0.79	0.76	0.92
黑龙江	0.57	0.34	0.29	1.04	0.92	1.05

省份	排放强度/(吨/千亿元)			人均排放量/(吨/千万人)		
	2007 年	2010 年	2012 年	2007 年	2010 年	2012 年
新疆	0.44	0.29	0.24	0.73	0.71	0.80
上海	0.43	0.35	0.21	2.57	2.64	1.75
福建	0.41	0.27	0.18	1.05	1.06	0.97
北京	0.37	0.28	0.14	2.06	2.02	1.24
广东	0.37	0.26	0.17	1.19	1.13	0.93
海南	0.36	0.25	0.24	0.52	0.59	0.78

经济发达的省份(如广东、上海和江苏)以及以第三产业为主的省份(如海南和北京)在"共担责任"原则下的排放强度一直较小,且下降速度与全国平均水平相当。值得注意的是,北京的排放强度在研究期间下降了 62.16%。广东、浙江和江苏不管是生产视角还是消费视角下的大气汞排放量相对都位居前列,但是由于经济体量较大,其排放强度并不高,其中广东的排放强度在 2007 年和 2012 年均位居倒数第二,只有 0.37 吨/千亿元和 0.17 吨/千亿元,2012 年其排放强度甚至低于海南(0.24 吨/千亿元)。这说明以上发达省份的生产效率高,产业结构以排放水平较低的高新技术产业及服务业为主。另外,北京在生产视角下的排放量较少,且其共担责任系数大于 0.5,所以在"共担责任"原则下,北京的排放量相对较低,加上经济发展水平高,属于发达地区,因此其排放强度较小。北京和海南在研究期间的排放强度一直低于 0.4 吨/千亿元,其中北京在 2012 年的排放强度甚至只有 0.14 吨/千亿元,为全国排放强度最低的省级行政区。值得注意的是,青海的排放强度在研究期间有所增长,这是由于其燃煤电厂所用燃煤的汞含量增长,导致其生产视角下的汞排放量增长。

由表 4.1 中列出的"共担责任"原则下三个年份的大气汞人均排放量可以看出,总体而言,排放强度高的地区,人均排放量也相对较高,如山西、宁夏和内蒙古。具体而言,山西在 2007 年和 2012 年平均每千万人分别排放 5.22 t 和 4.54 t,其人均排放量在 30 个省份中位居第一,在 2010 年以平均每千万人排放 4.50 t 在 30 个省份中位居第二,仅次于宁夏(平均每千万人排放 4.57 t)。宁夏在"共担责任"原则下的人均排放量和山西不相上下,在 2007 年和 2012 年平均每千万人分别排放 4.11 t 和 4.51 t。宁夏的人均大气汞排放量在研究期间甚至呈现微小的上升趋势,这主要归因于宁夏的人口增长速度低于汞排放增长速度,尤其是燃煤消耗的快速增长导致其生产视角下的排放量不断增加。

另外,还有一部分地区的排放强度和人均排放量呈现相反趋势,如贵州、江西和安徽的排放强度较高,但是人均排放量相对较低。贵州在 2007 年平均每千万人仅排放 1.53 t,在 30 个省份中位居第 15,但是其排放强度位居第三,这是由于贵州人口密集。这类省份未来在汞减排策略设计中应该注重升级末端控制设施并提高洗煤率,以降低燃煤电厂的排放因子。另外,江苏、浙江等地区广泛使用先进的末端控制设备,虽然人均能源消耗量大,但具有较低的排放强度和较高的人均排放量,可以通过使用可再生能源替代煤炭或淘汰高能耗产业来减少燃煤使用,达到汞减排的效果。

本章小结

"生产者责任"原则可能会导致无效减排,引发"此降彼升""排放转移"等问题,导致出现少数地区排放量减少,但是全国总体排放量增加的窘境。虽然"消费者责任"原则涵盖了贸易中的间接排放,避免了"排放泄漏"等问题,但是也有自身的缺点,如具有营利性质的企业将没有动力更新污控设备和燃煤技术。"共担责任"原则下的减排责任划分可以同时约束大气汞排放的生产者和消费者。在"共担责任"原则下,每个省份不仅需要减少一部分生产视角下的汞排放量,也需要减少消费视角下的汞排放量。这不仅可以合理有效地控制污染排放源的排放,还可以引导消费者形成低重金属排放的消费方式,从而促进供应链上的各方积极参与污染减排行动。因此,本章依据"共担责任"原则,结合第 2 章编制的生产视角下及第 3 章编制的消费视角下的大气汞排放清单,对中国 30 个省份的大气汞排放责任进行了划分,主要得出了以下结论:

(1)在"共担责任"原则下,省份之间的减排责任差距巨大。山东、江苏、内蒙古、广东和河北的大气汞排放量位居前五,占据了总排放量的近40%;然而,排放量最低的五个省份合计占比小于5%。另外,省份之间的排放变化趋势也各异,其中内蒙古、河北和宁夏在"共担责任"原则下的大气汞排放量呈现上升趋势,增长率高达40%;而浙江、河南和辽宁的大气汞排放量在"共担责任"原则下呈现下降趋势,下降比例超过20%。

(2)在"共担责任"原则下,电力、热力与蒸汽供应业,煤炭开采业,建筑业和服务业是主要的大气汞排放行业。

(3)在"共担责任"原则下,排放强度高的地区,人均排放量相对也较高。但也有部分地区的排放强度和人均排放量呈现相反趋势,如贵州在2007年的排放强度位居第3,但是其人均排放量相对较低,在30个省份中位居第15。

第5章 生产和消费视角下大气重金属排放变化的驱动因素

——以大气汞为例

我国不同省区在煤质、能源结构、末端控制技术、经济发展水平等方面存在较大差异且变化明显。以各省份煤炭中的汞含量为例,云南生产的煤炭中的汞含量高达 0.69 μg/g,是内蒙古生产的煤炭的 3 倍多;煤炭在各省能源消费总量中的占比也存在显著差异,2005 年这一比例在内蒙古高达 87.4%,而在北京仅为 40% 左右;各地区的经济总量也相差巨大,如 2012 年广东的 GDP 为贵州的 8 倍以上。上述差异必然会影响不同地区生产视角下的大气重金属排放。同时,考虑到中国不同区域之间经济往来频繁,一个地区的燃煤消费量和污染控制水平的变化可以通过供应链传导机制对其他地区消费视角下的大气重金属排放产生影响。因此,综合了解生产视角和消费视角下不同时期大气重金属排放变化的驱动因素,辨识影响大气重金属排放变化的关键驱动因素,评估不同因素对未来大气重金属的减排潜力,有利于制定更有针对性的减排措施,从更加系统的角度来治理大气重金属污染。

本章以燃煤相关的大气汞排放为例,从生产和消费视角量化分析 2007—2012 年大气重金属排放变化的驱动因素,识别国家尺度、省级尺度和城市尺度大气重金属排放变化的驱动机制。为细化分析排放因子这一关键驱动因素,本章在已有研究的基础上将排放因子的影响进一步细分为燃煤中的重金属含量、不同燃煤消耗锅炉的比重、洗煤比重和污控设备组合的影响,以期扩展 LMDI 模型在大气重金属排放变化驱动因素分析中的应用。

5.1　生产视角下大气汞排放变化的驱动因素分析方法

5.1.1　国家和省级尺度下大气汞排放变化的驱动因素分析方法

本章承接第 2 章所核算的时间序列与能源相关的大气汞排放数据,基于 LMDI 分析模型,将国家和省级尺度排放结果分解为 5 个驱动因素,即汞排放强度(MI)、能源消耗结构(ES)、能源强度(EGI)、产业结构(S)和经济规模(G)。具体计算公式如下:

$$M_i = \sum_{j=1}^{m} \sum_{k=1}^{n} \left(\frac{M_{ijk}}{E_{ijk}} \cdot \frac{E_{ijk}}{E_{ij}} \cdot \frac{E_{ij}}{G_{ij}} \cdot \frac{G_{ij}}{G_i} \cdot G_i \right)$$

$$= \sum_{j=1}^{m} \sum_{k=1}^{n} (MI_{ijk} \cdot ES_{ij} \cdot EGI_{ij} \cdot S_i \cdot G_i) \tag{5.1}$$

式中,j 为部门($j = 1, 2, \cdots, m$);k 为最终能源消费种类($k = 1, 2, \cdots, n$)。分解计算过程如下:

$$M_{ijk}^T - M_{ijk}^B = L(M_{ijk}^T, M_{ijk}^B) \left[\ln\left(\frac{MI_{ijk}^T}{MI_{ijk}^B}\right) + \ln\left(\frac{ES_{ij}^T}{ES_{ij}^B}\right) + \right.$$

$$\left. \ln\left(\frac{EGI_{ij}^T}{EGI_{ij}^B}\right) + \ln\left(\frac{S_i^T}{S_i^B}\right) + \ln\left(\frac{G_i^T}{G_i^B}\right) \right] \tag{5.2}$$

$$\Delta M_i^{T-B} = M_i^T - M_i^B$$

$$= \sum_{k=1}^{7} \sum_{j=1}^{3} (M_{ijk}^T - M_{ijk}^B)$$

$$= \sum_{k=1}^{7} \sum_{j=1}^{3} L(M_{ijk}^T, M_{ijk}^B) \ln\left(\frac{MI_{ijk}^T}{MI_{ijk}^B}\right) +$$

$$\sum_{k=1}^{7} \sum_{j=1}^{3} L(M_{ijk}^T, M_{ijk}^B) \ln\left(\frac{ES_{ij}^T}{ES_{ij}^B}\right) +$$

$$\sum_{k=1}^{7} \sum_{j=1}^{3} L(M_{ijk}^T, M_{ijk}^B) \ln\left(\frac{EGI_{ij}^T}{EGI_{ij}^B}\right) +$$

$$\sum_{k=1}^{7} \sum_{j=1}^{3} L(M_{ijk}^T, M_{ijk}^B) \ln\left(\frac{S_i^T}{S_i^B}\right) +$$

$$\sum_{k=1}^{7} \sum_{j=1}^{3} L(M_{ijk}^T, M_{ijk}^B) \ln\left(\frac{G_i^T}{G_i^B}\right) \tag{5.3}$$

式中，$L(M_{ijk}^T, M_{ijk}^B) = \dfrac{M_{ijk}^T - M_{ijk}^B}{\ln(M_{ijk}^T) - \ln(M_{ijk}^B)}$，上标 T 代表目标年份的某值，B 代表基准年份的某值。其他变量含义的说明见表 5.1。

表 5.1　变量含义的说明

变量	含义	变量	含义
M_i	省级行政区 i 的汞排放量/吨	G_i	省级行政区 i 的生产总值/亿元
M_{ijk}	省级行政区 i 中的部门 j 消耗能源 k 造成的汞排放量/吨	G_{ij}	省级行政区 i 中部门 j 的产业增加值/亿元
E_{ij}	总能源/万吨标准煤	E_{ijk}	消耗能源 k 的量/万吨标准煤
MI_{ijk}	省级行政区 i 中的部门 j 中能源 k 的汞排放系数/%	ES_{ij}	省级行政区 i 中的部门 j 消耗能源 k 的比例/%
EGI_{ij}	省级行政区 i 中部门 j 的能源强度/（万吨标准煤/亿元）	S_i	省级行政区 i 的产业增加值占总生产总值的比例/%

汞排放强度效应（ΔMI）、能源结构效应（ΔES）、能源强度效应（ΔEGI）、产业结构效应（ΔS）和经济规模效应（ΔG）可以分别由下列各式计算：

$$\Delta MI_i = \sum_{k=1}^{7} \sum_{j=1}^{3} L\left(M_{ijk}^T, M_{ijk}^B\right) \ln\left(\frac{MI_{ijk}^T}{MI_{ijk}^B}\right) \tag{5.4}$$

$$\Delta ES_i = \sum_{k=1}^{7} \sum_{j=1}^{3} L\left(M_{ijk}^T, M_{ijk}^B\right) \ln\left(\frac{ES_{ij}^T}{ES_{ij}^B}\right) \tag{5.5}$$

$$\Delta EGI_i = \sum_{k=1}^{7} \sum_{j=1}^{3} L\left(M_{ijk}^T, M_{ijk}^B\right) \ln\left(\frac{EGI_{ij}^T}{EGI_{ij}^B}\right) \tag{5.6}$$

$$\Delta S_i = \sum_{k=1}^{7} \sum_{j=1}^{3} L\left(M_{ijk}^T, M_{ijk}^B\right) \ln\left(\frac{S_i^T}{S_i^B}\right) \tag{5.7}$$

$$\Delta G_i = \sum_{k=1}^{7} \sum_{j=1}^{3} L\left(M_{ijk}^T, M_{ijk}^B\right) \ln\left(\frac{G_i^T}{G_i^B}\right) \tag{5.8}$$

以上每个因素都代表在其他因素保持不变的情况下,该驱动因素变动导致的大气汞总排放量的变动。

5.1.2 城市分类及代表性城市选择

城市是开展大气污染治理的基础行政单元。为了解省份内部不同城市大气汞的排放特征,明晰重点省份内部不同城市的排放特征差异,进一步分析洗煤比重、燃煤中的汞含量等与排放因子息息相关的参数对大气汞排放变化的影响,本章进一步开展城市尺度大气汞排放变化的驱动因素分析,对中国燃煤相关的大气汞排放进行了分解分析。

根据《中国统计年鉴 2016》,2015 年中国大陆地级行政区共有 334 个,其中 291 个为地级市。再加上 4 个省级特大城市(北京、天津、上海、重庆),城市总数达到 295 个。由于城市级能源活动数据可获得性受限,本章仅获取了 215 个城市较为详细、具有统一口径的部门级煤耗数据。本章所涉及的 215 个城市在 2015 年的煤炭消费量占全国煤炭消费量的 96.9%,GDP 占全国 GDP 的89.9%,总人口占全国人口的 80.4%,因此数据具有代表性。

由于一些城市在能源结构、产业结构以及大气汞排放特征等各个方面都相似,因此,为了更好地识别省份内部的差异以及城市间的差异,同时减少不必要的分析识别成本,本章通过对城市进行分类,挑选出最具有代表性的城市进行城市级 LMDI 分析。具体而言,本章依据三个参数对城市进行分类:煤炭在能源结构中的比例、不同城市的各产业结构和人口数量。根据煤炭在能源结构中的比例,将城市分为煤炭重度依赖型城市、煤炭依赖型城市和其他城市三类;根据 GDP 中的各产业结构,将城市分为工业型城市、服务型城市和其他类型城市三类;根据人口数量,将城市分为特大城市、大型城市和小型城市三类。具体分类依据见表 5.2。

表 5.2　基于产业结构、人口数量和能源结构的城市划分依据

因素	城市分类	标准	参考文献
产业结构	服务型城市	基于形式聚类分析,考虑城市 GDP 和工业产出,将这些城市聚集为三个城市群	Shan 等[190]
	工业型城市		
	其他类型城市		
人口数量	特大城市	居民人口≥500 万	Cai 等[191]
	大型城市	250 万≤居民人口<500 万	
	小型城市	居民人口<250 万	
能源结构	煤炭重度依赖型城市	燃煤占比≥80%	国家统计局[192]
	煤炭依赖型城市	60%≤燃煤占比<80%	
	其他城市	燃煤占比<60%	

基于城市之间在物理(如能源结构和地理位置)和社会经济条件(如产业结构、经济结构和人口)等方面的实质性差异,为减少冗杂重复的工作,在城市级的 LMDI 分析中,本章基于以下原则来挑选具有代表性的城市名单:首先,除西藏、香港、澳门、台湾、云南和海南外,在中国每个省级行政区至少确定一个具有代表性的城市;其次,在山东、江苏、陕西等煤炭消费大省中,挑选多个城市进行 LMDI 分析,以对省内不同城市的排放特征进行区分;最后,所确定的城市必须包含所有类型,即所挑选出的代表性城市必须包含发展中城市(如山东的淄博和临沂)和发达城市(如北京和上海)、煤炭重度依赖型城市(如河南的焦作和陕西的榆林)和其他城市(如江苏的南京和山东的青岛)、特大城市(如湖北的武汉和上海)和小型城市(如吉林的辽源和安徽的芜湖)。基于以上原则,本章挑选了 50 个最具代表性的城市进行城市级 LMDI 分析,50 个城市的具体分类结果见附

表1.5。该50个城市在2015年的煤炭消费量占全国煤炭消费量的32.4%,GDP占全国GDP的45.4%,总人口占215个城市人口的29.9%。

5.1.3 城市尺度下大气汞排放变化的驱动因素分析方法

本章以50个代表性城市与燃煤相关的大气汞排放结果为例,将排放因子进一步细分为洗煤比重(CW)、消费煤炭中的汞含量(MC)、污控设备的脱除效率(APCD)。同时,在此基础上引入燃煤消费结构(CS)。因此,在城市尺度下,大气汞排放结果的影响因素将被分解为8个,分别为洗煤比重(CW)、消费煤炭中的汞含量(MC)、污控设备的脱除效率(APCD)、燃煤消费结构(CS)、能源消费结构(ES)、能源强度(EGI)、产业结构(S)和城市的经济规模(CG)。具体计算公式如下:

$$E = \sum_{i=1}^{m} \sum_{j=1}^{4} \sum_{k=1}^{3} CW_{ij} \cdot MC_{ij} \cdot APCD_{ij} \cdot \frac{C_{ij}}{C_i} \cdot$$

$$\frac{C_i}{EC_{ij}} \cdot \frac{EC_{ij}}{G_{ijk}} \cdot \frac{G_{ijk}}{CG_{ij}} \cdot CG_{ij}$$

$$= \sum_{i=1}^{m} \sum_{j=1}^{4} \sum_{k=1}^{3} CW_{ij} \cdot MC_{ij} \cdot APCD_{ij} \cdot CS_{ij} \cdot$$

$$ES_{ij} \cdot EGI_{ij} \cdot S_{ij} \cdot CG_{ij} \tag{5.9}$$

式中,E为大气汞的排放量;i为城市的总数量;j为燃煤锅炉的种类,即燃煤电厂(CFPP)锅炉、工业燃煤(CFIB)锅炉、居民用煤(RU)锅炉和其他燃煤锅炉;k为产业分类(本研究中指第一产业、第二产业和第三产业);C为煤炭消费量,其中C_{ij}为i城市j种锅炉的煤炭消费量,而C_i是i城市的煤炭消费量;EC为能源(包括煤、油、天然气等)消费量;G为GDP,其中G_{ijk}为i城市j种锅炉在k产业的产值;CG为总产值。根据省级生产视角下大气汞排放变化的驱动因素分解分析方法可知,以上8个驱动因素对大气汞排放变化的贡献可以通过以下公式求取:

$$\Delta CW_{ij} = L(E_{ijk}^n - E_{ijk}^b) \cdot \ln\left(\frac{CW_{ij}^n}{CW_{ij}^b}\right) \tag{5.10}$$

$$\Delta MC_{ij} = L(E_{ijk}^n - E_{ijk}^b) \cdot \ln\left(\frac{MC_{ij}^n}{MC_{ij}^b}\right) \tag{5.11}$$

$$\Delta APCD_{ij} = L(E_{ijk}^n - E_{ijk}^b) \cdot \ln\left(\frac{APCD_{ij}^n}{APCD_{ij}^b}\right) \tag{5.12}$$

$$\Delta CS_{ij} = L(E_{ijk}^n - E_{ijk}^b) \cdot \ln\left(\frac{CS_{ij}^n}{CS_{ij}^b}\right) \tag{5.13}$$

$$\Delta ES_{ij} = L(E_{ijk}^n - E_{ijk}^b) \cdot \ln\left(\frac{ES_{ij}^n}{ES_{ij}^b}\right) \tag{5.14}$$

$$\Delta EGI_{ij} = L(E_{ijk}^n - E_{ijk}^b) \cdot \ln\left(\frac{EGI_{ij}^n}{EGI_{ij}^b}\right) \tag{5.15}$$

$$\Delta S_{ij} = L(E_{ijk}^n - E_{ijk}^b) \cdot \ln\left(\frac{S_{ij}^n}{S_{ij}^b}\right) \tag{5.16}$$

$$\Delta CG_{ij} = L(E_{ijk}^n - E_{ijk}^b) \cdot \ln\left(\frac{CG_{ij}^n}{CG_{ij}^b}\right) \tag{5.17}$$

式中,$L(E_{ijk}^n - E_{ijk}^b)$为对数平均权重函数,n为城市的个数,b为锅炉的个数。每个因素的具体解释列于表5.3中。以上8种因素中的每一个都代表着在其他因素不变的前提下,该驱动因素变动导致的总体大气汞排放的变化方向和程度。

表5.3 生产视角下城市尺度各因素的名称及含义

因素	含义
ΔCW_{ij}	城市 i 中 j 型燃煤锅炉的洗煤比重效应,表示因洗煤比重变化而产生的汞排放变化
ΔMC_{ij}	城市 i 中 j 型燃煤锅炉产生的汞含量效应,表示消耗煤炭中煤炭含量的变化导致的汞排放变化
$\Delta APCD_{ij}$	城市 i 中 j 型燃煤锅炉的汞脱除效应,表示污控设备应用或升级导致的汞排放变化
ΔCS_{ij}	城市 i 中 j 型燃煤锅炉的煤炭消费结构效应,表示燃煤电厂锅炉、工业燃煤锅炉和居民用煤锅炉煤炭消费结构的变化导致的汞排放变化(例如,如果燃煤锅炉中的 ΔCS 增加,则表明燃煤锅炉消费的煤炭份额增加)
ΔES_{ij}	城市 i 中 j 型燃煤锅炉的能源结构效应,表示因不同类型燃煤锅炉煤炭消费占能源消费总量的比重变化而导致的汞排放变化

因素	含义
ΔEGI_{ij}	城市 i 中 j 型燃煤锅炉的能效强度效应,表示不同行业锅炉能效水平变化导致的汞排放变化
ΔS_{ij}	城市 i 中 j 型燃煤锅炉对产业结构的影响,表示产业结构变化导致的汞排放变化
ΔCG_{ij}	城市 i 中利用 j 型燃煤锅炉行业的经济规模效应,表示经济增长或衰退导致的汞排放变化

5.1.4 数据来源

中国城市级的煤炭消费量数据来自 Shan 等[190]。每个城市的煤炭消费清单中包括 47 个单独的部门,其中 39 个部门属于工业燃煤锅炉类型,5 个部门属于其他燃煤锅炉类型,2 个部门属于居民用煤锅炉类型,而火力发电和供热部门属于燃煤电厂锅炉类型,具体分类见附表 1.6。此外,本章中城市级燃煤电厂的污控设备安装率由第 2 章各城市燃煤电厂的数据加权平均而得。工业燃煤锅炉不同污控设备的安装率及其脱除效率数据来源于 Wu 等[40]。不同污控设备组合和洗煤比重对汞的去除效率等相关参数在第 2 章有详尽叙述。2015 年 50 个代表性城市的 GDP、工业产出和其他社会经济数据的更详细信息来自《中国城市统计年鉴》和《中国统计年鉴》(见附表 1.7)。2010 年相关城市清单及其相关经济数据来源于 Wu 等[123]。

5.2 消费视角下大气汞排放变化的驱动因素分析方法

为辨识社会经济因素对消费视角下大气重金属排放变化的影响,分析生产视角和消费视角下大气重金属排放变化的区别和联系,本节承接第 3 章消费视角下中国与能源相关的大气汞排放清单数据,根据 Meng 等[66]和 Mi 等[125]的研究,结合 MRIO-SDA 模型,辨识消费视角下与能源相关的大气汞排放变化的驱动因素。

首先,消费视角下大气汞排放量的具体计算公式如下:

$$ME = K \cdot (I - A)^{-1} \cdot F \qquad (5.18)$$

式中,ME 是消费视角下的隐含大气汞排放量;K 是排放强度;$(I-A)^{-1}$ 是列昂惕夫逆矩阵,代表直接中间投入和间接中间投入之间的隐含关系,下文用 L 表示;F 是最终需求矩阵,包括消费(农村居民消费、城市居民消费和政府消费)、投资和出口。

为识别影响排放强度变化的驱动因素,本章将排放强度 K 进一步分解为排放因子(e)、能源结构(M)和能源效率(E),可用公式表示为

$$K = e \cdot M \cdot E \qquad (5.19)$$

式中,e 是排放因子,表示单位能源消耗的大气汞排放量;M 是能源结构矩阵,表示每种能源在总能源中所占的比重;E 是能源效率,表示单位 GDP 的能源消费量。

同时,为识别影响最终需求矩阵 F 的相关因素,本章将最终需求效应进一步分解为消费结构(S)、人均最终消费(C)和人口数量(P)三个因素,可用公式表示为

$$F = S \cdot C \cdot P \qquad (5.20)$$

式中,S 是消费结构,表示每种最终需求占该省份最终需求的比重;C 是人均最终消费,表示单位人口的最终需求;P 是人口数量,表示该省份在当年的人口数量。所以,式(5.18)可以扩展为

$$ME = e \cdot M \cdot E \cdot L \cdot S \cdot C \cdot P \qquad (5.21)$$

因此,大气汞排放量的年度差距可以表示为

$$\begin{aligned}\Delta ME &= ME_t - ME_0 \\ &= e_t \cdot M_t \cdot E_t \cdot L_t \cdot S_t \cdot C_t \cdot P_t - \\ & \quad\; e_0 \cdot M_0 \cdot E_0 \cdot L_0 \cdot S_0 \cdot C_0 \cdot P_0 \end{aligned} \qquad (5.22)$$

式中,ΔME 表示汞排放总量的变化,t 是目标年份,0 表示研究期间的基期。此外,本章基于双极法获得了结构分解分析结果的算术平均值。因此,ΔME 可以表示为

$$\Delta ME = (\Delta e \cdot M_t \cdot E_t \cdot L_t \cdot S_t \cdot C_t \cdot P_t -$$
$$\Delta e \cdot M_0 \cdot E_0 \cdot L_0 \cdot S_0 \cdot C_0 \cdot P_0)/2 +$$
$$(e_0 \cdot \Delta M \cdot E_t \cdot L_t \cdot S_t \cdot C_t \cdot P_t -$$
$$e_t \cdot \Delta M \cdot E_0 \cdot L_0 \cdot S_0 \cdot C_0 \cdot P_0)/2 +$$
$$(e_0 \cdot M_0 \cdot \Delta E \cdot L_t \cdot S_t \cdot C_t \cdot P_t -$$
$$e_t \cdot M_t \cdot \Delta E \cdot L_0 \cdot S_0 \cdot C_0 \cdot P_0)/2 +$$
$$(e_0 \cdot M_0 \cdot E_0 \cdot \Delta L \cdot S_t \cdot C_t \cdot P_t -$$
$$e_t \cdot M_t \cdot E_t \cdot \Delta L \cdot S_0 \cdot C_0 \cdot P_0)/2 +$$
$$(e_0 \cdot M_0 \cdot E_0 \cdot L_0 \cdot \Delta S \cdot C_t \cdot P_t -$$
$$e_t \cdot M_t \cdot E_t \cdot L_t \cdot \Delta S \cdot C_0 \cdot P_0)/2 +$$
$$(e_0 \cdot M_0 \cdot E_0 \cdot L_0 \cdot S_0 \cdot \Delta C \cdot P_t -$$
$$e_t \cdot M_t \cdot E_t \cdot L_t \cdot S_t \cdot \Delta C \cdot P_0)/2 +$$
$$(e_0 \cdot M_0 \cdot E_0 \cdot L_0 \cdot S_0 \cdot C_0 \cdot \Delta P -$$
$$e_t \cdot M_t \cdot E_t \cdot L_t \cdot S_t \cdot C_t \cdot \Delta P)/2 \qquad (5.23)$$

式(5.23)中的每一项代表一个因素的变动对大气汞总排放量的影响。将以上 7 个因素分别简写为 $ME(\Delta e)$、$ME(\Delta M)$、$ME(\Delta E)$、$ME(\Delta L)$、$ME(\Delta S)$、$ME(\Delta C)$、$ME(\Delta P)$，因此，实际的大气汞排放变化可以分解为以下 7 个因素的变化：

$$\Delta ME = ME(\Delta e) + ME(\Delta M) + ME(\Delta E) + ME(\Delta L) +$$
$$ME(\Delta S) + ME(\Delta C) + ME(\Delta P) \qquad (5.24)$$

以上 7 个因素表示在其他因素不变的情况下，其中一个因素改变导致的大气汞排放的变化，具体含义见表 5.4。为保持 MRIO 中经济活动数据的可比性，本章以 2007 年为基年，使用双重通货紧缩法对 2012 年和 2010 年的投入产出表数据进行了调整[54,188]，相对应的价格指数来自《中国统计年鉴》。详细分解分析核心 MATLAB 代码见附录 3。

表5.4 消费视角下省级尺度各因素的名称及含义

变量	含义
$ME(\Delta e)$	排放因子效应,表示因消费视角下的排放因子变化而导致的大气汞排放的变化
$ME(\Delta M)$	能源结构效应,表示因能源结构变化而导致的大气汞排放的变化
$ME(\Delta E)$	能源效率效应,表示因能源效率变化而导致的大气汞排放的变化
$ME(\Delta L)$	生产结构效应,表示因生产结构变化而导致的大气汞排放的变化
$ME(\Delta S)$	消费结构效应,表示因消费结构变化而导致的大气汞排放的变化
$ME(\Delta C)$	人均消费水平效应,表示因人均消费水平变化而导致的大气汞排放的变化
$ME(\Delta P)$	人口效应,表示因人口变化而导致的大气汞排放的变化

5.3 生产视角下大气汞排放变化的驱动因素

下文分别从国家、省级及城市层面对与中国能源尤其是燃煤电厂相关的大气汞排放进行了驱动因素分解分析。在国家尺度和省级尺度下,大气汞的排放变化被分解为汞排放强度(MI)、能源消费结构(ES)、能源强度(EGI)、产业结构(S)和经济规模(G)五大因素的影响。另外,为进一步明晰排放因子和不同类型锅炉结构的变化对大气汞排放的影响,本章又将城市尺度下的排放变化分解为洗煤比重(CW)、消费煤炭中的汞含量(MC)、污控设备的脱除效率($APCD$)、燃煤消费结构(CS)、能源消费结构(ES)、能源强度(EGI)、产业结构(S)和城市的经济规模(CG)8个驱动因素的影响。

5.3.1 国家尺度下大气汞排放变化的驱动因素

总结而言,研究期间的大气汞排放量呈现出下降的趋势,从2007年的249.3 t减少至2015年的209.6 t,下降幅度约16%,但是在2010—

2012 年期间出现了小幅增加，从 230.1 t 增长到 238.5 t，增长幅度约 3.65％。图 5.1 详细地展示了 5 种驱动因素对各时段与能源相关的大气汞排放变化的影响。2007—2015 年，经济规模效应（ΔG）是唯一导致与中国能源相关的大气汞排放量增长的因素，而其他 4 个因素（汞排放强度效应、能源消费结构效应、能源强度效应、产业结构效应）都对大气汞排放起到了抑制作用。但是，近几年中国的经济增长速度已从高速转变为中高速，经济规模对与燃煤相关的大气汞排放量增长的贡献正在逐渐下降，图 5.1 便能反映这一趋势。

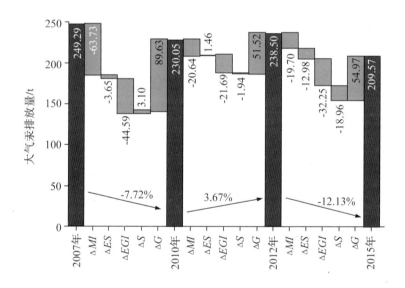

图 5.1　国家尺度下大气汞排放的变化及其驱动因素的贡献

大气汞排放强度效应（ΔMI）是抑制中国与能源相关的大气汞排放量增长最重要的因素。2007—2015 年，大气汞排放强度效应减少了 104.07 t 的汞排放量，占全部减排量的 44％，其中，2007—2010 年的减排量高达 63.73 t。2010 年以后，该因素的减排效应逐渐减弱，2010—2012 年期间的减排量仅为 20.64 t，2012—2015 年期间下降为 19.70 t，仅占 2007—2010 年的减排量的 1/3。这表明，在现有条件下，继续降低燃料中的汞排放因子进入了瓶颈期，因此未来的减排潜力有限。

能源强度效应(ΔEGI)是另一个抑制中国能源相关的大气汞排放量增长的主要因素。不断下降的能源强度避免了约 98.52 t 大气汞的排放量,约占总减排量的 42%。同时,与汞排放强度效应相比,该效应引起的汞减排量在各个阶段的变化幅度不大。由 2010—2012 年及 2012—2015 年该效应引起的汞减排量的变化趋势来看,未来该效应可能还会发挥更大的作用。这表明中国政府持续推进降低能源强度的工作带来了可观的协同汞减排效应。

能源结构效应(ΔES)在 2007—2015 年期间减少了 15.16 t 的汞排放量,但其减排效应经历了明显的变化:2007—2010 年,尽管其贡献不大,但贡献了约 3.65 t 的汞减排量;2010—2012 年却呈现出相反的影响,拉动了约 1.46 t 的汞排放量增长;2012—2015 年则避免了 12.98 t 的汞排放量。能源结构效应对汞排放变化的影响主要归结于煤炭在中国能源结构中的比例,使用更多的清洁能源(如天然气、水能或风能)来代替含汞较多的煤有助于减排。

产业结构效应(ΔS)尽管在整个研究阶段对汞排放变化的影响不大,但仍有利于控制大气汞的排放。2007—2015 年期间,产业结构效应的值由正转变为负,即从促进汞排放转变为抑制汞排放。这是因为以低强度汞排放因子为特征的第三产业在中国产业结构中的比例不断上升,与此同时,能源大气汞排放强度高的第二产业在产业结构中的比例逐渐下降。这一现象说明中国政府正在不断调整的经济结构和不断转变的经济发展模式有利于减少大气汞排放。

5.3.2 省级尺度下大气汞排放变化的驱动因素

图 5.2 展示的是各省大气汞排放变化的分解结果。由图可以看出,经济规模效应总是促进各省区的大气汞排放,而在大部分省份其余四个驱动因素抵消了经济规模效应。为了更好地分析不同地区之间在大气汞排放驱动因素上的相同点或联系,本小节将中国 30 个省(区、市)按照它们的经济社会特征和地理位置分为五组,并分别阐述这五组的分解结果。

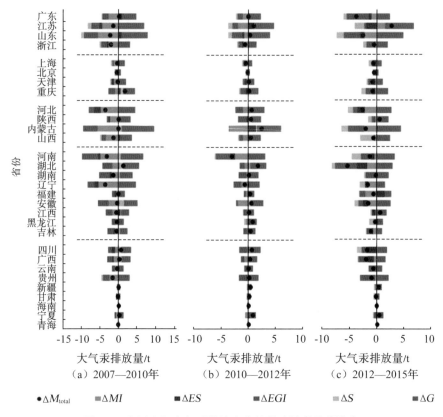

图 5.2　中国省级大气汞排放变化的驱动因素及其演化

　　第一组为地区生产总值排名全国前四的省份，即广东、江苏、山东和浙江。在研究的整个时间段内，只有江苏的大气汞年排放量呈增长态势，且增长量位居全国第一，达到了 2.19 t。值得注意的是，江苏的大气汞排放量仅在 2007—2010 年（第一阶段）实现了减排，幅度为 −1.46 t，随后在 2010—2012 年（第二阶段）即增长了 1.01 t，2012—2015 年间（第三阶段）增长量更是扩大为 2.65 t。江苏的大气汞排放增长主要归因于其经济规模效应，该效应在第三阶段对大气汞排放的贡献甚至高达 5.25 t。同时，能源结构效应（1.01 t）与大气汞排放强度效应（1.52 t）也分别在第二与第三阶段促进了当地的排放。与江苏相反，广东的大气汞排放仅在第一阶段增加了 0.13 t，后两个阶段均实现了减排，同时降幅达到了 3.82 t。

山东仅在第二阶段的大气汞排放量有轻微反弹,为 0.3 t。浙江在三个阶段的大气汞排放量持续减少,然而幅度却不断缩小,由 -2.10 t 逐渐缩水为 -0.58 t,主要由于其不断减弱的汞排放强度抑制效应。关于驱动因素在该组省份中的表现,由于这些省份拥有庞大的经济体量,因此经济规模效应对这些省份的大气汞排放有着十分显著的影响。图 5.2 显示,山东和江苏的经济规模效应在 2007—2015 年期间分别排名全国第二(16.02 t)和第三(15.93 t)。其余四个驱动因素对各省份的大气汞排放均起抑制作用,其中,大气汞排放强度效应和能源强度效应的贡献最大。特别地,能源结构效应在 2007—2015 年期间促进了广东的大气汞排放,但它的正效应逐步减弱,在 2012—2015 年期间反而开始抑制广东的大气汞排放。山东的能源结构效应也具有类似的变化趋势。该变化趋势应归因于煤在当地能源结构中比重的下降。另外,应当注意的是,江苏和浙江两省的大气汞排放强度效应对大气汞减排的贡献逐渐减少,甚至在 2012—2015 年期间促进了江苏的大气汞排放,这一现象表明,上述两地区应当继续加强在大气汞排放重点部门安装污控设备的工作。

中国四个直辖市——北京、上海、天津和重庆为第二组。与北京和上海在 2007—2015 年期间大气汞的年排放量持续减少相比,天津尽管在整个阶段减排了 0.97 t,但在 2010—2012 年期间排放量增加了 0.11 t。与上述省份相反,重庆在所研究的整个时间范围内未能实现减排,相反增长了 1.11 t,但其排放量在 2012 年达到峰值 6.81 t,并在 2015 年实现了减排(相较于 2012 年减排了 0.81 t)。除经济规模效应持续提高重庆的大气汞排放水平外,2007—2010 年间,能源结构效应与产业结构效应协同促进了当地的大气汞排放,贡献量分别为 0.56 t 与 0.72 t。五种驱动因素对该组四个省份大气汞排放量的影响与全国的总体趋势相同,即经济规模效应驱动大气汞排放量的增长,其余四个驱动因素抵消了经济规模效应。其中,能源强度效应和大气汞排放强度效应对于减排的贡献最为突出。例如:2007—2015 年期间,北京的能源强度效应贡献的减排量(-1.38 t)约为其大气汞排放变化量(-1.14 t)的 1.21 倍;天津的大气汞排放强度效应的减排量(-1.84 t)约为其减排总量(-0.97 t)的 1.90 倍。另外,与江苏的情况相类似,上海的大气汞排放强度的减排效应从 2007—2010 年间的−1.30 t减弱到2012—2015年间的−0.17 t,同样也是由消耗燃料中大气汞排放因子的下降幅度有限所导致。

第三组包含河北、陕西、内蒙古和山西,均属于资源集中型或重工业集中型省份。该组省份中,只有内蒙古和陕西的大气汞排放量小幅增长,涨幅分别为0.42 t和1.07 t。与此相反,山西和河北均实现了减排,其中河北的减排量为5.58 t,位居全国第三。五个驱动因素的表现仍与全国的总体趋势相同。值得注意的是,该组包含的省份在某些阶段其能源强度的减排效应不强。例如:2010—2012年间,内蒙古的能源强度效应仅为−0.11 t;而山西的能源强度效应在2012—2015年间甚至促进了0.82 t的大气汞排放量。这一现象表明,在研究期间内,这些省份降低能源强度的力度不足,导致其能源强度甚至有反弹的趋势。此外,与全国趋势不同的是,能源结构效应也显著促进了山西和内蒙古的大气汞排放,这归因于燃煤在当地能源结构中比重的上升。例如,内蒙古煤占当地能源消费量的比重从2007年的75%增长到2012年的81%,在2015年达到峰值83%,这无疑促使能源结构效应显著增加了当地的大气汞排放量。以上特点符合所研究省份的发展特征,即大规模发展资源集中型的重工业的经济模式。这易造成大量的能源消耗,尤其是煤炭的消耗,同时由于缺乏技术、管理等创新,导致能源利用效率相对较低。以上特点显著体现在能源强度与能源结构对当地大气汞排放的促进效应上。其他一些值得注意的问题是,内蒙古的经济规模效应在2007—2015年期间位居全国第一,这表明其经济在该期间正处于快速发展的阶段,相应地带来了大量的大气汞排放。另外,产业结构效应在2007—2012年和2010—2012年期间分别在河北和陕西呈现出正效应。以陕西为例,其第二产业比重从2010年的53%上升到2012年的55%,从而导致产业结构效应促进了当地的大气汞排放。

第四组中的省份主要位于中国的中东部,包含河南、湖北、湖南、辽宁、福建、安徽、江西、黑龙江和吉林。2007—2015年期间,在全国范围内,河南的减排幅度最大,约为7.72 t。辽宁紧随其后,减排量为5.86 t。两省份的减排量主要归功于显著的能源强度效应与大气汞排放强度效应。例如,河南的两效应分别为−9.00 t与−7.81 t,分别占其大气汞总排放变化量的 119% 与 104%。此外,该组中仅江西与黑龙江的大气汞排放量小幅增长,增量分别为 0.21 t 和 0.09 t。各个驱动因素的表现仍与全国的总体趋势相似,但仍存在一些特例。例如,安徽、湖北等地的产业结构效应是提高当地大气汞排放水平的因素之一,这是由于第二产业在当地经济结构中的比重增加,从 2007 年的 44% 增长到 2010 年的 52%,并在 2012 年达到峰值 54%。但需要注意的是,几乎该组的所有省份的产业结构效应均正在经历从促进到抑制大气汞排放的转变。以辽宁为例,其在 2007—2010 年的产业结构效应为 0.18 t,然而在 2010—2012 年该效应即变为 −0.11 t,在 2012—2015 年该效应甚至取代了能源强度效应,成为促进辽宁大气汞减排的中坚因素(减排幅度为 0.99 t)。这一现象表明,该组所包含的省份在研究期间持续致力于调整当地的产业结构,并产生了一定的减排效果。能源结构效应在 2007—2015 年间持续促进黑龙江的大气汞排放,总效应达 0.4 t。该效应在 2012—2015 年同样显著增加了福建 1.39 t 的大气汞排放量,其促进效应甚至超过经济规模效应(1.25 t),成为促进福建大气汞排放最主要的因素。这一现象同样是由当地能源消耗对煤的依赖程度不断上升所造成。此外,能源强度效应在 2007—2010 年促进了黑龙江大气汞排放量的增长,反映了黑龙江当地相对较低的能源利用效率。

最后一组包含前面未提到的省份四川、广西、云南、贵州、新疆、甘肃、海南、宁夏和青海。这些省份多位于较为偏远的地区,且后五个省份中人为活动造成的大气汞排放量相对较小,致使驱动因素对当地大气汞排放变化的影响相对不明显。但在前四个省份中,各个驱动因素的表现仍基本和全国的总体趋势一致。应当注意的是,产业结构效应在 2007—2012 年期间促进了四川和广西的大气汞排放,这一现象表明,上述两个省份仍应当注意转变经济发展模式,降低易造成大量大气汞排放的产业所占的比重。

5.3.3 城市尺度下大气汞排放变化的驱动因素

表 5.5 展示了中国 50 个城市在 2010—2015 年汞排放变化的驱动因素。总体而言,这 50 个城市的地区分布广泛,城市大气汞的排放量有增

有减。2010—2015 年,50 个城市中有 27 个城市与燃煤相关的汞排放量呈现下降趋势,并且这 27 个城市的减排量相当于 50 个城市的总排放量的 2.36%。在 8 个影响因素中,污控设备的脱除效率效应($\Delta APCD$)、能源消费结构效应(ΔES)、能源强度效应(ΔEGI)、产业结构效应(ΔS)和洗煤比重效应(ΔCW)这 5 个因素是抑制大气汞排放量增长的主要驱动力,合计带来了 52.3 t 的大气汞减排量。其中,污控设备效应带来的减排量最大,高达 17.23 t,这是由于中国在研究期间采取了一系列污控设备升级改造的措施,因而取得了巨大的减排收益。能源结构效应以 16.87 t 的大气汞减排量位居第二;产业结构效应位居第三,带来了 10.58 t 的大气汞减排量。但是,经济规模效应(ΔCG)和燃煤中的汞含量效应(ΔMC)在一定程度上抵消了上述因素带来的减排效应,两者分别导致了 46.70 t 和 2.51 t 的大气汞排放量增长。

表 5.5 中国 50 个城市在 2010—2015 年汞排放变化的驱动因素

省份	城市	CFPP 锅炉＋CFIB 锅炉＋RU 锅炉＋其他锅炉					CFPP 锅炉		CFIB 锅炉		RU 锅炉＋其他锅炉
		ΔES	ΔEGI	ΔS	ΔCG	ΔMC	$\Delta APCD$	ΔCS	$\Delta APCD$	ΔCS	ΔCS
安徽	芜湖	−0.24	−0.30	−0.13	0.79	−0.04	−0.07	0.00	−0.11	0.01	0.00
	铜陵	−0.07	−0.02	−0.15	0.60	−0.04	−0.06	−0.09	−0.09	0.19	0.00
北京	北京	−0.63	−0.77	−0.27	0.67	0.16	−0.03	−0.09	−0.01	−0.09	0.38
重庆	重庆	−0.19	−2.63	−1.23	4.20	−0.27	−0.80	0.03	−0.52	0.58	−1.01
福建	福州	−0.04	−0.52	−0.03	0.63	0.42	−0.05	0.07	−0.08	−0.11	−0.03
	龙岩	0.04	−0.33	−0.01	0.44	0.31	−0.05	0.02	−0.04	−0.10	−0.01
甘肃	兰州	−0.18	0.15	−0.20	0.51	0.22	−0.05	0.08	−0.05	−0.10	−0.04
	白银	0.02	0.07	−0.09	0.15	0.13	−0.02	0.07	−0.03	−0.02	−0.02
广东	广州	0.43	−1.56	−0.19	0.61	−0.05	−0.59	−0.05	−0.05	0.14	−0.05
	深圳	0.01	−0.30	−0.05	0.20	−0.01	−0.05	0.01	0.00	−0.01	0.01
	江门	−0.01	−0.23	−0.10	0.26	−0.03	−0.16	0.01	−0.03	−0.01	0.00
广西	柳州	−0.11	−0.71	−0.17	0.79	−0.91	−0.03	−0.09	−0.20	0.14	−0.01
贵州	贵阳	−0.66	−0.97	−0.11	1.68	0.00	−0.02	0.30	−0.11	−0.14	−0.62

省份	城市	CFPP 锅炉＋CFIB 锅炉＋RU 锅炉＋其他锅炉					CFPP 锅炉		CFIB 锅炉		RU 锅炉＋其他锅炉
		ΔES	ΔEGI	ΔS	ΔCG	ΔMC	$\Delta APCD$	ΔCS	$\Delta APCD$	ΔCS	ΔCS
河北	石家庄	−0.31	−0.26	−0.31	1.94	−0.03	−0.21	−0.22	−0.37	0.49	−0.17
	张家口	0.20	−0.74	−0.10	0.46	−0.01	−0.13	−0.14	−0.06	0.22	0.06
黑龙江	哈尔滨	0.28	−0.37	−0.24	0.71	0.30	−0.35	−0.14	−0.06	−0.35	0.94
	齐齐哈尔	−0.04	−0.04	−0.20	0.28	0.14	−0.19	−0.26	−0.05	0.21	0.24
	大庆	−0.28	0.23	−0.21	0.02	0.16	−0.22	−0.41	−0.06	0.41	0.31
	佳木斯	−0.12	0.13	−0.06	0.15	0.06	−0.02	−0.01	−0.05	−0.05	0.13
河南	郑州	−0.71	−0.58	−0.37	1.68	−0.09	−0.15	−0.14	−0.26	0.22	0.03
	焦作	−0.31	−1.02	−0.24	0.76	−0.06	−0.04	−0.20	−0.20	0.35	0.02
湖北	武汉	−1.73	0.57	0.02	3.08	0.16	−0.09	0.62	−0.32	−0.45	−0.81
	黄石	−0.01	−0.29	0.08	0.58	0.04	0.03	0.03	−0.11	−0.03	−0.06
湖南	长沙	0.30	−0.72	−0.04	0.53	0.16	−0.01	−0.09	−0.05	−0.25	0.75
	岳阳	−0.32	0.51	−0.08	0.67	0.20	−0.10	0.15	−0.08	−0.23	−0.04
内蒙古	呼和浩特	−0.76	−0.15	−0.64	1.24	0.00	−0.24	−0.29	−0.05	0.51	0.23
江苏	南京	−0.21	−0.62	−0.32	1.71	−0.03	−0.15	−0.20	−0.22	0.34	−0.01
	无锡	−0.18	−0.33	−0.32	1.06	−0.03	−0.09	−0.14	−0.21	0.25	−0.02
	盐城	0.15	0.01	−0.03	0.54	−0.01	−0.17	0.12	−0.07	−0.17	−0.03
江西	南昌	−1.21	0.80	−0.06	0.89	0.04	−0.23	−0.04	−0.04	0.08	−0.02
	新余	−0.15	0.32	−0.16	0.48	0.03	−0.08	−0.03	−0.15	0.07	−0.01
吉林	长春	−0.02	−0.79	−0.05	0.84	0.17	−0.21	−0.07	−0.09	0.01	0.17
	辽源	−0.06	−0.28	0.01	0.14	0.02	0.01	0.00	−0.02	−0.03	0.06
辽宁	沈阳	−0.94	−0.40	−0.11	0.74	0.11	−0.40	−0.01	−0.12	−0.03	0.07
	大连	0.34	−0.75	−0.15	0.64	0.09	−0.55	0.04	−0.08	−0.07	0.01
宁夏	银川	−2.40	3.84	0.02	3.28	0.16	−0.46	−0.52	−0.39	1.11	−0.12
青海	西宁	−0.08	−0.04	−0.02	0.20	−0.10	0.00	0.00	−0.03	0.03	−0.03
陕西	西安	−0.36	0.22	−0.31	1.08	0.00	−0.27	0.27	−0.03	−0.28	−0.30
	榆林	−2.75	3.56	−0.59	1.43	0.00	−0.37	−0.42	−0.31	0.92	−0.12

省份	城市	CFPP 锅炉＋CFIB 锅炉＋RU 锅炉＋其他锅炉					CFPP 锅炉		CFIB 锅炉		RU 锅炉＋其他锅炉
		ΔES	ΔEGI	ΔS	ΔCG	ΔMC	$\Delta APCD$	ΔCS	$\Delta APCD$	ΔCS	ΔCS
山东	济南	−0.52	0.22	−0.16	0.70	0.01	−0.72	0.17	−0.11	−0.32	−0.21
	青岛	−0.80	−1.01	−0.21	0.87	0.01	−1.21	0.04	−0.09	−0.12	0.07
	淄博	−0.41	−0.29	−0.30	0.84	0.01	−0.55	−0.07	−0.22	0.17	−0.05
	临沂	0.38	−0.23	−0.27	1.06	0.01	−0.21	0.25	−0.23	−0.33	−0.10
上海	上海	−0.73	−0.60	−1.13	1.54	1.53	−0.50	0.02	−0.18	0.00	−0.04
山西	忻州	−0.28	0.67	0.00	0.84	0.01	−0.26	0.07	−0.17	−0.02	−0.12
四川	成都	0.07	−0.68	−0.01	0.36	−0.06	−0.02	−0.02	−0.04	0.07	−0.03
天津	天津	−0.26	−1.48	−0.40	1.97	0.20	0.15	0.00	−0.15	−0.01	0.00
新疆	乌鲁木齐	−0.16	0.67	−0.26	0.44	−0.01	0.09	0.09	−0.03	−0.11	−0.03
浙江	杭州	−0.87	0.72	−0.41	1.04	−0.40	−0.35	0.05	−0.10	−0.10	0.08
	湖州	−0.01	0.01	−0.10	0.41	−0.18	−0.06	0.11	−0.06	−0.19	0.00

　　值得注意的是,燃煤电厂锅炉的污控设备升级改造效应在2010—2015年带来了11.03 t的大气汞减排量,是燃煤电厂行业与燃煤相关的汞减排最主要的驱动因素。这得益于中国在此期间发布了许多针对燃煤电厂污染物排放控制的强制要求。例如,环境保护部于2011年出台的《火电厂大气污染物排放标准》(GB 13223—2011),明确了燃煤电厂锅炉关于汞、氮氧化物、二氧化硫等大气污染物的排放限值。作为对该标准的响应,燃煤电厂开始在建造或改造中使用电袋除尘器(ESP-FF)和湿式静电除尘器(WESP)等污染物控制设备。另外,燃煤消费结构的变动也使得与燃煤电厂锅炉相关的汞排放量有所减少(减少了1.14 t),但是工业燃煤锅炉的燃煤消费结构效应带来了2.77 t的汞排放增长量。这说明中国工业燃煤锅炉的燃煤消费比重在逐渐上升,而燃煤电厂锅炉的燃煤消费比重在不断下降,这归因于钢铁和水泥等高煤耗行业的扩张。同时,燃煤电厂锅炉的污控设备部署比例相对较高,且在研究时间内得到很大的

改进。因此燃煤电厂锅炉对汞的协同脱除效率高于其他锅炉类型,并且抵消了燃煤电厂锅炉煤耗增加带来的燃煤电厂的汞排放量增长。此外,经济规模效应(ΔCG)对所有城市的汞排放量都是正向拉动的($0.02\sim4.20$ t),而燃煤电厂锅炉或工业燃煤锅炉的污控设备和产业结构调整对除银川和武汉以外所有城市的汞减排都做出了一定贡献。

从单个城市来看,青岛(-2.44 t)、重庆(-2.11 t)、广州(-1.35 t)、柳州(-1.33 t)和沈阳(-1.10 t)的大气汞减排效果相对显著,减排幅度均超过1 t。青岛、重庆和沈阳在不同因素影响下的汞排放变化趋势与全国的趋势基本一致。以青岛为例,除经济规模效应、工业燃煤锅炉消费结构效应和居民用煤锅炉消费结构效应以外,其他因素都对青岛的汞减排做出了一定贡献,其中污控设备升级改造效应贡献了1.30 t的汞减排量,位居第一。值得注意的是,重庆的能源强度效应(-2.63 t)和污控设备升级改造效应(-0.79 t来自燃煤电厂锅炉,-0.52 t来自工业燃煤锅炉)对减排的贡献非常显著,这是由于重庆的能源效率在研究期间提高了54%;同时,由于燃煤电厂升级了污控设备,对汞的去除效率提高到70%左右。燃煤中的汞含量效应(ΔMC)是柳州汞减排的最大贡献者(-0.91 t),这是由于柳州2015年的主要煤炭消费来源从广西(0.35 μg/g)变为广东(0.06 μg/g)和陕西(0.21 μg/g),因此,消费煤炭中的汞含量大大降低。与前面提到的城市相比,广州大气汞排放增量超过1/3是由能源结构效应(0.43 t)贡献的,这归因于广州能源结构中的煤炭占比在研究期间有所增长。

与大部分城市相反,银川、榆林和武汉的汞排放量分别增长了4.45 t、1.33 t和1.08 t。大气汞排放量增长主要由经济规模效应和能源强度效应导致,但能源结构变化带来的汞减排量抵消了近一半的汞排放增长量。2010—2015年,银川和榆林煤炭消费量的急剧增加和工业燃煤锅炉的煤炭消费比重的增加导致其汞排放量分别增加了1.11 t和0.92 t。这是由于银川和榆林等地区的煤矿资源丰富,高煤耗、高污染的煤炭开采业在研究期间获得了高速发展,带来了汞排放量的增长。

一些城市在2010—2015年期间汞排放量变化不大,如河北省的张家口市(-0.22 t)、黑龙江省的哈尔滨市(-0.72 t)和湖南省的长沙市(-0.61 t),但能源结构变化以及居民和其他燃煤消费带来的汞排放变化明显。以哈尔滨为例,上述两种因素导致了明显的汞排放量增长,其中居民和其他燃煤消费使大气汞排放量增加了 0.94 t,甚至高于经济规模扩张带来的汞排放增长量(0.71 t)。哈尔滨居民用煤比重的上升说明哈尔滨的散煤使用比重较高,煤炭利用效率有待改善。值得一提的是,与哈尔滨具有相同特征的长沙、北京、大庆、齐齐哈尔和呼和浩特等城市,居民和其他用煤结构变化带来的汞排放量增长分别为 0.75 t、0.38 t、0.31 t、0.24 t 和 0.23 t。另外,哈尔滨的能源结构效应和燃煤中的汞含量效应分别带来了 0.28 t 和 0.3 t 的汞排放量增长,这说明 2012—2015 年间哈尔滨能源结构中的燃煤占比有所增长,且其所消耗的燃煤中的汞含量有所上升,从而使得哈尔滨由煤耗增加带来的汞排放量增长更加明显。

5.4　消费视角下大气汞排放变化的驱动因素

本小节分别对消费视角下国家和省级层面的大气汞排放开展驱动因素分解分析,重点对比不同因素对国家尺度和省级尺度下大气汞排放变化的影响,并且针对部分重点行业大气汞排放变化的驱动因素进行阐释。

5.4.1　国家尺度下大气汞排放变化的驱动因素

图 5.3 展示了中国能源相关隐含大气汞排放变化的驱动因素。总体而言,2007—2012 年,国家隐含大气汞排放总量呈现波动下降趋势(下降了 10.92 t)。具体而言,2007—2010 年,隐含大气汞排放量有所减少,从 249.29 t 下降到 230.63 t;2010—2012 年,隐含大气汞排放量却有所增加,达到 238.37 t。然而,不同驱动因素在第一个时期(2007—2010 年)和第二个时期(2010—2012 年)的表现有很大差异。2007—2010 年,排放因子效应,即 $ME(\Delta e)$ 是最大的减排驱动力,贡献了 77.87 t 的汞减排量,占该期间总减排量的 72.53%;能源效率效应,即 $ME(\Delta E)$ 以 29.09 t 的汞减排

量位居第二,占总减排量的 27.10％;能源结构效应[$ME(\Delta M)$]也起到了
抑制隐含大气汞排放量增长的作用,但是其减排贡献仅为－0.41 t(占总
减排量的 0.37％)。这是由于近年来中国致力于提高能源使用效率和推
进煤炭清洁利用等(如"上大压小"、除尘设备的广泛使用等)措施降低了
单位产品的汞排放强度,从而使总的隐含大气汞排放量下降。剩余 4 个
因素都起到了拉动隐含大气汞排放量增长的作用,其中人均消费效应
[$ME(\Delta C)$]是最主要的拉动因素,导致了64.76 t的汞排放量增长,占总排
放增加量的 73.07％。这归因于在此研究期间中国经济飞速发展,居民的
物质需求不断提高,消费水平不断升级,从而带来了人均消费的增长。消
费结构效应[$ME(\Delta S)$]贡献了汞排放增量的 15.22％(13.49 t),位居第
二;人口效应[$ME(\Delta P)$]以8.95％(7.93 t)的贡献率位居第三;生产结构
效应[$ME(\Delta M)$]的拉动作用较小,仅为 2.45 t。

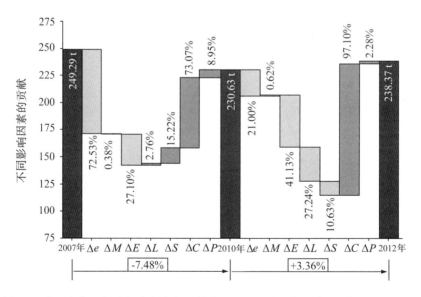

图 5.3　中国与能源相关的隐含大气汞排放变化的驱动因素及其演化[为标注方便,
横坐标中分别用 Δe、ΔM、ΔE、ΔL、ΔS、ΔC、ΔP 表示 $ME(\Delta e)$、$ME(\Delta M)$、
$ME(\Delta E)$、$ME(\Delta L)$、$ME(\Delta S)$、$ME(\Delta C)$和 $ME(\Delta P)$,下同]

2010—2012年,不同因素的贡献相对于上一阶段发生了一定变化。其中最为明显的是,生产结构效应和消费结构效应对隐含大气汞排放量的影响由拉动转变为抑制,生产结构效应带来的汞减排量(31.64 t)占总减排量的近30%,成为第二大抑制因素;消费结构效应带来的汞减排量(12.35 t)占总减排量的10.63%。另外,能源效率效应在2010—2012年期间的减排作用更加明显,带来了47.77 t的减排量,占总减排量的41.13%。相对而言,排放因子效应的减排效果有所下降,仅贡献了24.39 t的汞减排量,占总减排量的21.00%。值得注意的是,能源结构效应在该时期的贡献还是相对较小,但是由抑制作用转变为正向拉动作用,导致了0.77 t的汞排放量增长。这说明在该时期,中国能源结构中的燃煤占比相对有所上升,这不利于隐含大气汞减排。能源结构效应在两个时期的表现说明其是未来隐含大气汞减排的潜力所在。人均消费对汞排放的拉动作用更加明显,带来了高达120.47 t的汞排放量增长,抵消了以上所有驱动因素对汞减排的贡献。同时,人口增长也带来了2.83 t的汞排放量增长。

5.4.2　省级尺度下大气汞排放变化的驱动因素

图5.4描绘了2007—2012年中国30个省(区、市)与能源相关的隐含大气汞排放变化的驱动因素。总体而言,有15个省份的隐含大气汞排放量呈现下降趋势,然而,第一个时期(2007—2010年)和第二个时期(2010—2012年)的情况有很大差异。具体而言,2007—2010年,30个省份中有20个省份的隐含大气汞排放量有所减少;而在2010—2012年,只有11个省份的隐含大气汞排放量呈现下降趋势。这是由于人均消费的不断增长对汞排放引起的拉升效应不断增强,导致更多省份面临更大的隐含大气汞减排压力。

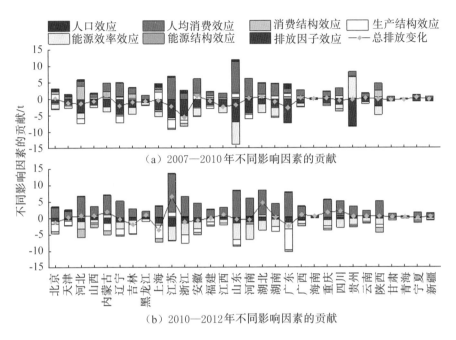

图 5.4　不同影响因素对中国省级隐含大气汞排放变化的贡献

2007—2010 年,浙江、广东和江西的隐含大气汞减排量位居前三,分别为 5.46 t、2.66 t 和 2.30 t。7 个驱动因素对这三个省份的影响方向与国家层面的趋势基本一致。以浙江为例,排放因子效应和能源效率效应分别减少了 4.93 t 和 1.39 t 的隐含大气汞排放量,而人均消费效应和人口效应带来了 2.78 t 的隐含大气汞排放量增长。相反,这一时期少数地区出现了隐含大气汞排放量增长的情况。其中,内蒙古的隐含大气汞排放量增幅最大,高达 1.34 t,这是因为内蒙古的人均消费增长和消费结构改变分别带来了 2.63 t 和 1.71 t 的隐含大气汞排放量增长,同时生产结构效应和人口效应也分别带来了 0.52 t 和 0.13 t 的隐含大气汞排放量增长。但是,作为抑制汞排放的主要因素,排放因子效应(减排量为 2.33 t)和能源效率效应(减排量为 1.38 t)的贡献小于驱动排放的影响因子的贡献,从而使得内蒙古的隐含大气汞排放量不降反增。这是由于内蒙古在此期间煤炭开采行业和燃煤发电行业发展迅速。

不同于以上两种类型的省份,在贵州、江苏和山东等省份,不同的影响因素的绝对贡献量都相对较大,但是这些省份的总排放量变化却相对较小。例如,排放因子的降低(减排量为 6.94 t)和能源效率的提升(减排量为 6.93 t)合计给山东带来了 13.87 t 的隐含大气汞减排量,但是人均消费的增长导致了 9.45 t 的隐含大气汞排放量增长,在一定程度上抵消了前两者带来的隐含大气汞减排效益。另外,与全国趋势不同的是,贵州的能源效率效应是拉动其隐含大气汞排放量增长的主要因素,带来了 6.4 t 的隐含大气汞排放量增长,而人均消费效应也导致隐含大气汞排放量增长 1.45 t,这说明贵州的能源效率有待提升。

2010—2012 年,上海、广东和吉林的隐含大气汞减排量位居前三,分别为 3.79 t、2.58 t 和 2.1 t,合计占该研究期间减排总量的 60.07%。有别于 2007—2010 年不同因素的贡献,2010—2012 年导致大多数省份的隐含大气汞排放量下降的主要因素是生产结构效应和能源效率效应,而非排放因子效应。例如,生产结构效应的变化导致上海和广东的隐含大气汞排放量分别降低了 4.08 t 和 6.14 t。此外,能源效率效应也是大多数省份隐含大气汞排放量减少的主要贡献者,尤其是山东、河南和江苏。相比之下,江苏、湖北和四川的隐含大气汞排放量在 2010—2012 年显著增加,分别增长了 6.43 t、4.52 t 和 1.88 t。虽然能源效率提升减少了这些省份的隐含大气汞排放量,但是人均消费的正向效应带来的隐含大气汞排放量增加完全抵消了能源效率提升对减排的贡献。

不同最终需求类别对人均消费隐含大气汞排放的贡献差异明显。如图 5.5 所示,在大多数省份中,投资是影响人均消费效应的最主要因素,在 2007—2010 年和 2010—2012 年分别贡献了 46.5 t 和 63.8 t 的隐含大气汞排放量。虽然投资贡献的绝对量有所增长,但其在最终消费中的占比有所下降,从 2007—2010 年的 71.8% 下降到 2010—2012 年的 52.9%。投资在不同省份的表现差异明显,山东、江苏和河南在 2007—2010 年由投资效应导致的隐含大气汞排放量增加最为明显,分别高达 7.1 t、3.4 t 和 3.8 t。投资效应在上海、青海、天津、广东、吉林和河北的隐含大气汞排放的净增量贡献占比超过 100%,因为消费或出口的占比在这几个省份呈现负增长状态;但是投资在北京和广西所占比重小于 50%。江苏、湖北和重庆在大规模基础设施建设的推动下,由投资变化引起的人均消费效应对隐含大气汞排放的影响在逐步上升。鉴于不同省份之间的发展模式存在差异,政府应该根据不同地区的排放特征因地制宜地制定由人均消费导致的隐含大气汞排放量增加的管理政策。

消费是影响人均消费效应的第二大因素,在所研究的两个时间段,分别贡献了 12.5 t 和 46.5 t 的隐含大气汞排放量,同时消费效应在人均消费效应中的占比也有所上升,从 2007—2010 年的 19.3% 上升到 2010—2012 年的 38.6%,说明消费对中国经济的贡献在不断增长。这是中国近年来深化供给侧结构性改革和扩大内需等的结果。消费量变化在 2007—2012 年期间导致除安徽(−0.16 t)以外的所有省份隐含大气汞排放量增长,但是不同研究时间段有一定的区别:吉林、河北和青海在 2007—2010 年期间消费能力下降,由消费效应导致的隐含大气汞排放量减少;而在 2010—2012 年,消费效应在所有省份的贡献都为正向。

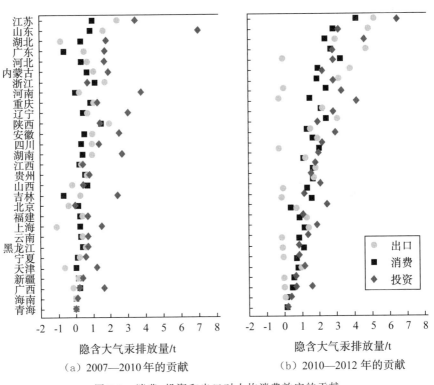

(a) 2007—2010 年的贡献   (b) 2010—2012 年的贡献

图 5.5　消费、投资和出口对人均消费效应的贡献

出口效应的贡献在研究期间有所增长,其中在 2007—2010 年导致了 5.8 t 的隐含大气汞排放量增加,在 2010—2012 年导致了 10.3 t 的隐含大气汞排放量增加。但是出口效应对人均消费效应的影响并没有发生很大的变化,这是由于中国在此期间的出口一直保持相对较为稳定的状态。受 2008 年金融危机导致的出口放缓的影响,上海、天津、广东、北京和广西的出口效应为负值,从而导致人均消费效应在 2007—2010 年略有下降。但是在 2010—2012 年,有 12 个省份的出口效应为负值,其中最为明显的为重庆、湖南和云南,这归因于中西部地区的省份在此期间大多将产品转为内销,从而导致出口额出现一定程度的下降。

5.4.3　重点行业大气汞排放变化的驱动因素

如图 5.6(a)(b)所示,建筑业造成的与能源有关的隐含大气汞排放量在 2007—2010 年略有减少(−1.07 t),但在 2010—2012 年显著增加(8.26 t)。2007—2012 年,22 个省份的建筑业的隐含大气汞排放量有所增长。具体而言,由于人均消费效应的驱动,重庆(1.71 t)、湖北(1.53 t)和内蒙古(1.05 t)建筑业的隐含大气汞排放量显著增加。相反,广东(−1.50 t)、浙江(−1.49 t)和上海(−0.70 t)建筑业的隐含大气汞排放量有所减少。由于相关驱动因素在江苏、山东和贵州的贡献相互抵消,所以上述省份建筑业的隐含大气汞排放量只有微小变化。2007—2010 年期间的山东、湖南和贵州以及 2010—2012 年期间的浙江、山东和重庆的建筑业也出现了类似的情况。从第一个时期(2007—2010 年)到第二个时期(2010—2012 年),几乎所有省份的消费结构效应对建筑业汞排放的影响都从抑制作用转变为拉动作用;而生产结构效应的影响则相反,从拉动作用转变为抑制作用。上述现象表明,建筑业的生产技术得到了改进,且消费产品的隐含大气汞排放强度有所升高。

电力、热力与蒸汽供应业的隐含大气汞排放量波动较大,2007—2010 年增加了 5.68 t,继而在 2010—2012 年急剧减少了 11.34 t,如图 5.6(c)(d)所示。2007—2010 年,排放因子是电力、热力与蒸汽供应业隐含大气汞减排的主要贡献者,其中在贵州、上海、广东表现最为显著。2010—2012 年,消费结构效应成为抑制中国电力、热力与蒸汽供应业隐含大气汞排放量增长的关键因素,在河北、内蒙古、广东、陕西和上海表现得尤为明显。但是,值得注意的是,消费结构效应在河南、海南和湖南却是拉动电力、热力与蒸汽供应业隐含大气汞排放量增长的驱动因素。另外,在此期间,排放因子效应和能源效率效应在几乎所有省份都起到了抑制电力、热力与蒸汽供应业隐含大气汞排放量增长的作用,为这些省份的汞减排做出了积极贡献,尤其是在河南和安徽。然而,在江苏、河北和陕西,人均消费效应的正向拉动导致的该行业隐含大气汞排放量增长部分抵消了由消费结构效应和排放因子效应带来的汞减排效果。

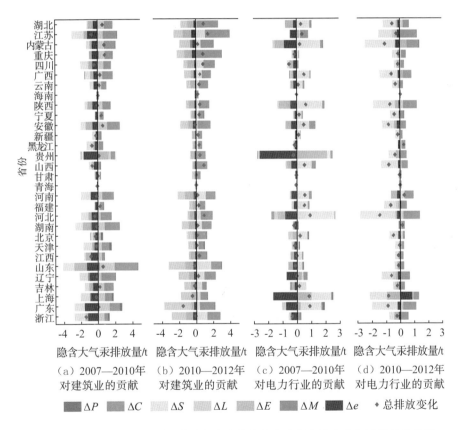

图 5.6　2007—2012 年不同因素对各省建筑业和电力行业隐含大气汞排放的贡献
(电力行业代表电力、热力与蒸汽供应业)

5.5 减排政策建议

本章利用 LMDI 模型综合评估了 2007—2012 年生产视角下中国与燃煤相关的大气汞排放变化的驱动因素及其演化趋势,并进一步结合 MRIO-SDA 模型,辨识了 2007—2012 年消费视角下中国不同省区隐含大气汞排放变化的驱动因素及其演化趋势。本章评估和量化了能源结构调整、能源效率提升、产业结构升级、减排技术升级和消费水平变化等对国家、省区和城市以及重点行业大气汞排放变化的作用方向和程度,识别和量化了影响隐含大气汞排放变化的关键驱动因素,这为设计更加符合不同地区实际情况的汞减排策略提供了依据。另外,本章在现有文献的基础上,扩展了 LMDI 模型,将排放因子效应进一步分解为消费煤炭中的汞含量效应、污控设备的脱除效率效应、洗煤比重效应、燃煤消费结构效应以及由煤耗量变化导致的隐含大气汞排放变化;进一步细化了影响排放因子效应变化的内在驱动力,可为研究者制定更加精细化的区域减排政策提供理论依据和方法指导。本章的主要政策建议及创新点如下:

(1)对于生产视角下汞减排的政策建议:第一,由于排放强度的减排效应在国家尺度上有所减弱,因此,应不断强化排放强度的减排效应,尤其是江苏、浙江等省份。一方面,在一些关键行业需强制安装对汞协同减排作用明显的污染控制装置或加大推广洗煤技术的应用力度等。洗煤技术在中国燃煤电厂的应用率还相对较低,2010 年只有约 2% 的电厂用煤经过洗选处理[193]。长期而言,应在排放强度高的用煤行业及单位推广应用重金属排放控制技术,如活性炭喷射(activated carbon injection,ACI)技术及粉末活性炭(powdered activated carbon,PAC)技术。另一方面,燃煤部门应该用循环流化床等具有更低汞排放率的燃烧炉来逐步替代落后的传统煤粉炉。第二,要继续强化能源强度效应的减排作用。工作重点应着眼于能源强度高或能源强度仍持续提高的省份,如内蒙古、陕西、黑龙江等,在这些省份要加强节能减排力度,尤其是要加强工业节能。例如,对于煤炭企业,应严格控制煤炭的新增产能,有序淘汰多余产能,提高采煤机械化程度等;在燃煤电厂应推广使用超临界、超超临界等燃煤发电机组,实施燃煤机组超低排放和节能改造等。同时,对于高效节能、资源循环利用的新技术、新装备、新产品的研究,应给予更大的投入和支持。第三,要充分挖掘能源结构效应的减排潜能。一方面,可以通过对煤的集中有效利用来减少煤总量的消耗,尤其是在一些耗煤的重点企业。另一方面,鼓励利用可再生能源、天然气、电力等优质能源。采取措施提高天然气的供给能力,在居民采暖、工业与农业生产等领域使用天然气替代煤或石油,减少散烧煤和燃油消耗,有序推进可再生能源的发展,提高清洁能源在能源消费总量中的比例。同时,大力推进风电开发,促进太阳能大规模开发和多样化利用,同时控制并减少弃光率、弃风率等。

(2)对于消费视角下汞减排的政策建议:第一,在研究期间,消费结构效应和生产结构效应对隐含大气汞排放的影响在大多数省份都从正向拉动作用变为反向抑制作用,而浙江、山东和河南建筑业的消费结构对隐含大气汞排放的影响由负效应转向正效应,可以通过税收和补贴适当地合理管控这些省份在建筑业的大规模投资,鼓励高新技术产业投资。这有利于降低当地隐含大气汞的排放水平,使当地实现产业结构转型,减少发展带来的污染。第二,能源结构效应在此期间的减排效益并不明显,说明未来能源结构的调整具有巨大的减排潜力,尤其是能源结构严重依赖煤炭消费的地区和燃煤中汞含量异常高的地区,更应该加大能源结构调整力度,减少燃煤消耗。第三,贵州和云南电力行业的消费煤炭中的汞含量明显高于其他省份,一方面,有必要通过一系列预处理技术来对高汞煤炭进行前期脱汞;另一方面,可以通过改造燃烧效率低下的传统小型锅炉来提高能源效率,进而减少煤炭消耗,从而进一步降低排放因子。

本章小结

本章基于国家级、省级和城市级与燃煤相关的大气汞排放清单,利用LMDI模型和MRIO-SDA模型,辨识了影响中国生产视角和消费视角下大气汞排放变化的环境、能源、技术、经济等因素的方向和程度,指出了未来中国隐含大气汞减排的潜力所在。本章得到的具体结论如下:

(1)在生产视角下,经济规模效应是拉动大气汞排放量增长的最主要因素,但这种影响正在逐渐减弱。能源强度和汞排放强度的减排效应最为明显,占总减排效应的 86%。但是个别省份和城市具有相反的情况,例如,在省级层面,能源结构的变化导致广东、内蒙古和山西的大气汞排放量增加;在城市层面,排放因子的变化导致银川和榆林的大气汞排放量增加。

（2）在消费视角下,人均消费水平效应是导致中国隐含大气汞排放量增长的主要因素,占不同时间段总排放增长量的 80% 以上。该因素在快速发展的中部地区省份表现更加明显。排放因子效应和能源效率效应是抑制隐含大气汞排放量增长的最主要因素,但对汞减排的贡献率从 2007—2010 年的 72.53% 下降至 2010—2012 年的 21%。虽然省级尺度下驱动因素的表现大致和国家尺度下的保持一致,但是省份之间也存在明显差异,如排放因子效应在多数省份是抑制隐含大气汞排放量增加的驱动因素,但是导致上海、福建和青海的隐含大气汞排放量增加。

第6章 减污降碳政策下燃煤电厂大气重金属减排潜力评估

　　燃煤电厂不仅是中国大气重金属的重要排放源,还是中国最大的温室气体排放源。中国作为全球温室气体排放量最大的国家,在全球减排行动中扮演着重要角色。因此,中国燃煤电厂的碳减排进程对于实现全球温控目标和中国"碳达峰、碳中和"目标具有重要的现实意义。不仅如此,我国在《"十四五"规划纲要》中明确提出将"地级及以上城市空气质量优良天数比率提高到87.5%"作为经济社会发展的约束性指标。燃煤电厂作为常规空气污染物的重要排放源之一,是重点管控对象。此外,中国在《关于进一步加强重金属污染防控的意见》中明确提出,到2025年,全国重点行业重点重金属污染物排放量比2020年下降5%以上;到2035年,建立健全重金属污染防控长效机制,重金属环境风险得到全面有效管控。《关于汞的水俣公约》自2017年8月16日起对我国生效,该公约具有法律约束力,要求10年内"控制并减少相关来源的排放限值"。该公约也将燃煤电厂列为重点管控的排放源。

　　为了达到上述减排目标,我国势必会采取更加严格的减污降碳措施,以减少燃煤电厂的大气污染物和温室气体排放。中共中央、国务院印发的《关于完整准确全面贯彻新发展理念做好碳达峰碳中和工作的意见》要求,在"十四五"期间控制煤炭的增长,在"十五五"期间减少煤炭的使用。因此,逐步减少中国能源系统中煤炭的使用,转向以可再生能源为主的能源结构,是当前及今后中国应对气候变化、贯彻生态环境保护长期战略的重要步骤。但是,中国目前的环境治理政策主要是以温室气体和 PM、NO_x 等常规空气污染物减排为主要目标。由于大气重金属和上述环境排放有同根同源性,这些减污降碳政策在不同程度上也会影响大气重金属减排,但其协同减排效应尚不明确。在此背景下,识别未来减污降碳政策对中国燃煤电厂大气重金属排放的影响,有利于评估减排政策的外溢效应,降低未来政策的实施成本,制定合理的协同治理策略。

通过文献梳理发现,目前关于大气重金属减排潜力分析的研究存在以下待完善之处:

(1)全球或者国家尺度的研究无法反映每个省份乃至每个电厂未来大气重金属排放量的变化情况及区域差异[165,194-196]。

(2)由于不同的大气重金属的排放特性并不完全相同,只关注个别重金属的减排潜力,将导致政策制定者对其他大气重金属排放的认识不足,无法合理评估中国大气重金属的排放总量及减排难度,导致未来减排政策力度不足等问题。

(3)基准年份较为陈旧,无法及时反映近年来中国燃煤电厂超低排放改造以及效率提升等措施所带来的减排效果,导致所核算的大气重金属减排潜力与实际情况存在较大偏误。

因此,基于前述时间序列大气重金属排放变化及其驱动因素分析的研究结果,本章结合情景分析和敏感性分析,模拟比较不同减污降碳政策组合对大气重金属的协同减排潜力,识别了目前大气重金属减排的最佳路径,旨在为未来制定有步骤、有规划的大气重金属减排策略提供路径指导。

6.1 减污降碳情景设计及其依据

6.1.1 参数选择及情景设计

目前,中国已经实施了多项针对燃煤电厂的污染防控措施,本章总结了对大气重金属排放有直接规定或对大气重金属排放有间接协同作用的具体政策(见附表 1.8)。为综合评估未来不同减污降碳政策组合对大气重金属减排的协同效益,探索未来燃煤电厂的大气重金属减排潜力,本章基于第 2 章和第 4 章的研究结果,总结了未来影响大气重金属排放的主要碳减排政策和空气污染治理政策的相关参数,碳减排政策与未来煤炭消费量有关,而空气污染治理政策可为未来污控设备组合(APCDs)及洗煤比重提供依据。值得指出的是,煤耗量减少、污控设备升级改造以及洗煤比重上升并不是只对单一环境排放有效,如减少煤耗量能大幅度减少碳排放,同时也可以减少燃煤带来的空气污染等。因此,本章主要是根据相关因素变化对主要环境排放的影响来对三个因素进行分类。

燃煤电厂碳减排的措施主要包括减少未来燃煤电厂的煤耗量或采用碳捕获和封存(carbon capture and storage,CCS)技术。但是,CCS 技术对燃煤电厂的重金属排放并无直接减排效果,且由于其成本高和储存难度大等导致其应用前景存在较大争议,具体而言有以下几个方面:首先,目前已有的 CCS 项目基本处于试运行阶段,部分项目甚至已经关停。CCS 技术是否能够为全球温控做出相应贡献,还取决于未来技术突破、成本控制、风险管控和区域协调等方面的改变。其次,由于碳存储对地质结构要求较为严苛,因此广东、福建、广西和海南等沿海省份的燃煤电厂都不适合采用 CCS 技术[197]。最后,配备 CCS 设备的燃煤电厂预计会降低 20％的效率[198],从而影响燃煤电厂效益。

因此,本章所涉及的碳减排政策只考虑了未来减少燃煤消耗的相关措施,而未考虑 CCS 技术在未来的应用[199,200]。值得一提的是,CCS 技术在燃煤电厂中的应用对燃煤电厂废气的清洁度有较高要求,这就对燃煤电厂的末端治理设备组合提出了更高的要求,从而有利于提高对重金属的协同减排效益。本章通过设计未来污控设备组合升级改造的情景,也能在一定程度上体现未来 CCS 技术的广泛应用对燃煤电厂污染物排放的影响。

由于影响未来燃煤电厂碳排放量的关键因素为煤耗量,煤耗量大小主要由燃煤电厂年运行小时数和预期寿命决定,因此,本章引入年运行小时数和预期寿命来确定未来燃煤电厂相关碳减排政策的强弱。影响燃煤电厂重金属排放的大气污染治理措施主要包括扩大洗煤等预处理技术

（可减少原煤中的重金属含量）和末端减排技术（可脱除烟气中的气态重金属）等的部署。鉴于此,本章引入洗煤比重和污控设备组合两个参数来模拟未来空气污染治理政策的强弱。

综上所述,本章共引入四个参数（即燃煤电厂年运行小时数、燃煤电厂预期寿命、洗煤比重和污控设备组合）来模拟未来不同强度的碳减排政策和空气污染治理政策组合对大气重金属的协同减排潜力,设计了情景分析框架（见图 6.1）,并为每个因素设计了强情景、中情景和基准情景（弱情景）三个级别（见表 6.1）。基于四个参数和三个级别的组合,一共设计了 28 类大气重金属减排潜力政策情景（见表 6.2）。需要说明的是,表 6.2 中的第 27 类情景共包括 9 个子情景。因此,共有 36 个情景。情景名称是按照洗煤比重、年运行小时数和预期寿命进行排列的,代表三种参数在不同情景强度下的政策组合,如"中-弱-强"情景代表洗煤比重处于中情景、年运行小时数处于弱情景、预期寿命处于强情景的一个政策组合情景。

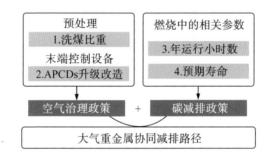

图 6.1　政策情景分析设计框架

表 6.1　政策情景分析中各个因素的设定

政策分类	影响因素	强情景	中情景	基准情景（弱情景）
碳减排政策	年运行小时数	强	中	保持不变
	预期寿命	20 年	30 年	40 年
空气污染治理政策	洗煤比重	强	中	保持不变
	APCDs	强	中	保持不变

表6.2　28个政策情景设定的详细解释

序号	情景名称	具体解释
1	中-弱-强	年运行小时数保持不变,洗煤比重按照年均2%的速率增长,且燃煤电厂预期寿命设定为20年
2	中-强-强	年运行小时数下降速度满足1.5℃温控目标,洗煤比重按照年均2%的速率增长,且燃煤电厂预期寿命设定为20年
3	中-中-强	年运行小时数下降速度满足2℃温控目标,洗煤比重按照年均2%的速率增长,且燃煤电厂预期寿命设定为20年
4	弱-强-强	洗煤比重保持不变,年运行小时数下降速度满足1.5℃温控目标,且燃煤电厂预期寿命设定为20年
5	弱-中-强	洗煤比重保持不变,年运行小时数下降速度满足2℃温控目标,且燃煤电厂预期寿命设定为20年
6	弱-弱-强	洗煤比重及年运行小时数保持不变,且燃煤电厂预期寿命设定为20年
7	强-强-强	年运行小时数下降速度满足1.5℃温控目标,洗煤比重按照年均5%的速率增长,且燃煤电厂预期寿命设定为20年
8	强-中-强	年运行小时数下降速度满足2℃温控目标,洗煤比重按照年均5%的速率增长,且燃煤电厂预期寿命设定为20年
9	强-弱-强	年运行小时数保持不变,洗煤比重按照年均5%的速率增长,且燃煤电厂预期寿命设定为20年
10	中-弱-中	年运行小时数保持不变,洗煤比重按照年均5%的速率增长,且燃煤电厂预期寿命设定为20年
11	中-强-中	年运行小时数下降速度满足1.5℃温控目标,洗煤比重按照年均2%的速率增长,且燃煤电厂预期寿命设定为30年
12	中-中-中	年运行小时数下降速度满足2℃温控目标,洗煤比重按照年均2%的速率增长,且燃煤电厂预期寿命设定为30年

序号	情景名称	具体解释
13	弱-强-中	洗煤比重保持不变,年运行小时数下降速度满足 1.5 ℃温控目标,且燃煤电厂预期寿命设定为 30 年
14	弱-中-中	洗煤比重保持不变,年运行小时数下降速度满足 2 ℃温控目标,且燃煤电厂预期寿命设定为 30 年
15	弱-弱-中	洗煤比重及年运行小时数保持不变,且燃煤电厂预期寿命设定为 30 年
16	强-强-中	年运行小时数下降速度满足 1.5 ℃温控目标,洗煤比重按照年均 5%的速率增长,且燃煤电厂预期寿命设定为 30 年
17	强-中-中	年运行小时数下降速度满足 2 ℃温控目标,洗煤比重按照年均 5%的速率增长,且燃煤电厂预期寿命设定为 30 年
18	强-弱-中	年运行小时数保持不变,洗煤比重按照年均 5%的速率增长,且燃煤电厂预期寿命设定为 30 年
19	中-弱-弱	年运行小时数保持不变,洗煤比重按照年均 2%的速率增长,且燃煤电厂预期寿命设定为 40 年
20	中-强-弱	年运行小时数下降速度满足 1.5 ℃温控目标,洗煤比重按照年均 2%的速率增长,且燃煤电厂预期寿命设定为 40 年
21	中-中-弱	年运行小时数下降速度满足 2 ℃温控目标,洗煤比重按照年均 2%的速率增长,且燃煤电厂预期寿命设定为 40 年
22	弱-强-弱	洗煤比重保持不变,年运行小时数下降速度满足 1.5 ℃温控目标,且燃煤电厂预期寿命设定为 40 年
23	弱-中-弱	洗煤比重保持不变,年运行小时数下降速度满足 2 ℃温控目标,且燃煤电厂预期寿命设定为 40 年
24	强-强-弱	年运行小时数下降速度满足 1.5 ℃温控目标,洗煤比重按照年均 5%的速率增长,且燃煤电厂预期寿命设定为 40 年
25	强-中-弱	年运行小时数下降速度满足 2 ℃温控目标,洗煤比重按照年均 5%的速率增长,且燃煤电厂预期寿命设定为 40 年

序号	情景名称	具体解释
26	强-弱-弱	年运行小时数保持不变,洗煤比重按照年均 5% 的速率增长,且燃煤电厂预期寿命设定为 40 年
27	HECTs[①]	HECTs 情景是指在某一时间节点,该技术组合在全国燃煤电厂中实现全覆盖,且洗煤比重和年运行小时数保持不变,燃煤电厂预期寿命设定为 40 年。该类情景以每五年为一个时间节点。到 2060 年,一共 9 个子情景。例如,HECTs-2025 表示 2025 年全国所有燃煤电厂改造完成。HECTs-2021 是一个基准情景,作为其他情景的参照
28	弱-弱-弱（基准情景）	洗煤比重及年运行小时数保持不变,且燃煤电厂预期寿命设定为 40 年

①HECTs 的中文全称为具有最高协同脱除效益的组合。

6.1.2　相关参数的设定依据

洗煤比重是影响燃煤重金属含量的重要措施。根据《中国能源统计年鉴 2020》可知,2019 年除山西省以外,所有省份煤电行业的洗煤比重均低于 4%,而一般发达国家煤电行业的洗煤比重高达 60%～100%[201,202]。当下国内外洗煤比重的明显差距说明,中国燃煤电厂在洗煤普及率方面有很大提升潜力。与此同时,中国消费煤炭的洗选率在 2019 年达到了 70% 以上,说明中国洗选煤行业技术成熟且具有巨大的洗选煤消纳能力,这为洗煤技术广泛应用于煤电行业提供了可能性。综上所述,本章假设在强情景下,中国燃煤电厂的洗煤比重按中国年度洗煤比重的增长率增长,即年度增长率为 5%,达到 100% 后停止增长,随后保持 100% 的洗煤比重不变;在中情景下,中国燃煤电厂的洗煤比重在 2060 年达到中等发达国家的洗煤水平(80%),即以年均增长率 2% 的速度增长,达到 100% 后停止增长,随后保持 100% 的洗煤比重不变;在基准情景下,中国燃煤电厂的洗煤比重保持 2020 年的水平不变,这是基于中国燃煤电厂的洗煤比重在不同年份虽有波动,但差距并不明显的现状而设定的。

对于 APCDs 来说,2020 年,中国燃煤电厂超低排放机组容量超过 800 GW,符合条件的所有煤电机组都已经配备了完备的脱硫脱硝除尘设备,标志着燃煤电厂已完成全国范围内的超低排放改造。但是根据《燃煤电厂超低排放烟气治理工程技术规范》(HJ 2053—2018)对超低排放路线选择的设计可知,并不是所有符合超低排放改造要求的末端治理设备组合都对大气重金属有较高的协同脱除效益,如海水脱硫设备对大气重金属的协同脱除效益微乎其微,脱硝设备对除大气汞以外的其他大气重金属没有协同脱除效益。因此,即使中国已经完成超低排放改造,也并非所有燃煤机组都配备了对大气重金属具有最高协同脱除效益的污控设备组合。2020 年的实际情况也印证了该推断。参考《燃煤电厂超低排放烟气治理工程技术规范》,本章将对大气重金属排放具有最高协同脱除效益的组合设定为 SCR 系统+ESP/FFs/ESP-FF+WFGD 系统+WESP/ESP-FF。基于此,本章核算了所有燃煤机组应用 HECTs 后剩余预期寿命内大气重金属的排放量,并将该情景设置为 HECTs 情景。该情景主要用来对比其他三种因素的协同减排潜力,因此在 HECTs 情景下其他因素保持不变,即在 HECTs 情景下,燃煤电厂的预期寿命为 40 年,年运行小时数和洗煤比重相对于 2020 年保持不变。同时,HECTs 情景还可被用来评估中国按期完成《关于汞的水俣公约》中的汞减排目标需要达到的减排效果。

燃煤电厂运行年限也是决定其排放量大小的重要因素。减少燃煤电厂运行年限,将燃煤电厂提前淘汰,是目前中国在"碳中和"和全球温控目标的双重压力下,燃煤行业碳减排见效最快的措施之一。具体而言,在强情景下,设定中国燃煤电厂的预期寿命为中国燃煤电厂的平均投资回收期,即 20 年[203];在中情景下,设定中国燃煤电厂的预期寿命为目前中国燃煤电厂的平均寿命,即 30 年;在弱情景下,设定中国燃煤电厂的预期寿命为全球燃煤电厂的平均寿命,即 40 年。本章以 2020 年为基准年份进行情景设计,因此对于在 2021 年就已经达到情景所假定的预期寿命的燃煤电厂,本章设定将其在 2021 年进行淘汰,因此结果显示燃煤电厂的装机容量在 2020—2022 年会呈现明显的下降趋势。

对于年运行小时数,由于减少燃煤电厂的年运行小时数是有效完成燃煤电厂碳减排目标的另外一项有效措施,为此,本章借助以中国为核心的全球变化评估模型(GCAM-China)和中国综合政策评估模型(IPAC),基于"自下而上"的原则,假设全国各燃煤电厂逐个关停,其年运行小时数的降低速度和中国对燃煤发电量的需求降低速度保持一致。GCAM-China 和 IPAC 均可实现对中国不同省份未来燃煤发电量的预测。通过对两个模型结果的对比验证,再结合中国能源规划,本章选取两个模型中更符合中国现实情况的预测结果作为情景设计的依据。因此,采用两个不同的模型有助于降低研究中燃煤电厂退役路径的不确定性。对于部分省份中技术水平落后、盈利能力低、环境影响大的燃煤电厂,本章在设定中提前将该部分电厂进行淘汰。本章假设在强情景下,燃煤电厂年运行小时数的降低速度能够完成全球 1.5 ℃温控目标要求,即运行小时数在 2030 年为 2 640 小时,2040 年为 1 680 小时,2050 年为 0 小时[24,204]。在中情景下,燃煤电厂年运行小时数的降低速度能够完成全球 2 ℃温控目标要求,即运行小时数在 2030 年下降到 3 750 小时,2040 年下降到 2 500 小时,2045 年低于 1 000 小时。这就意味着从中长期来看,大部分燃煤电厂在电力系统中发挥着为具有间歇性特点的可再生能源进行调峰的作用。在弱情景下,现有的所有燃煤电厂的年运行小时数保持现状,即与 2020 年保持一致。

6.2　国家尺度的协同减排潜力评估

6.2.1　中国现役燃煤电厂总体状况

图 6.2(a)展示了 2020 年现役燃煤电厂的投入使用时间,从现有燃煤机组的服役年限结构来看,2000 年前建成的燃煤机组约占总装机容量的16%。因此,当设定燃煤电厂预期寿命为 20 年时[见图 6.2(b)],燃煤电厂的装机容量会在 2021—2022 年期间出现明显的下降,这是由于在情景设计中 2000 年以前投入使用的燃煤电厂在 2020 年应全部退役。随着中

国电力需求的快速增长,2000 年之后,中国燃煤电厂的建设速度加快,特别是在 2005—2011 年期间,中国投入运行的燃煤电厂的装机容量超过 470 GW(占总装机容量的 45%)。因此,中国燃煤电厂的装机容量在后续会出现一个缓慢下降的过程。例如,在预期寿命为 20 年的情景中,下降过程出现在 2022—2030 年期间。2016 年后,中国采取了一系列政策措施限制新建燃煤电厂,包括推迟和暂停部分燃煤发电项目,这些措施的实施抑制了燃煤电厂的新建速度,因此 2016—2018 年期间燃煤电厂装机容量的增长速度明显放缓。另外,在 2005 年之前投入运行的机组大多为 300 MW 以下的小容量机组,近几年投入运行的多为 600 MW 或 1000 MW 的超超临界发电机组以及大型热电联产机组。从不同地区来看,黑龙江、吉林和辽宁的燃煤电厂机组相对老旧、容量小且排放强度高;山东的自备电厂容量较高,未来减排潜力较大。值得说明的是,本章收集了 2019—2020 年已建成的燃煤电厂项目的详细数据,而已退役的燃煤电厂未全部从清单中剔除,这一处理会导致本章中 2019 年和 2020 年的燃煤电厂装机容量高于实际装机容量。总体来看,现有的燃煤机组相对而言都比较"年轻",到 2020 年,平均使用寿命不到 14 年。

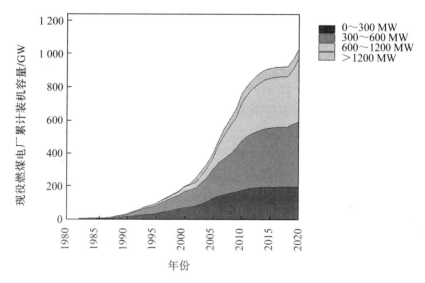

(a)2020 年现役燃煤电厂的投入使用时间及累计装机容量

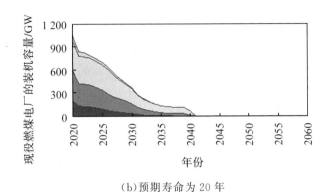

（b）预期寿命为 20 年

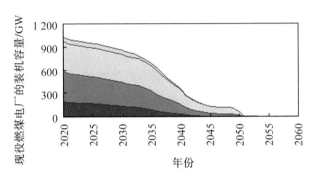

（c）预期寿命为 30 年

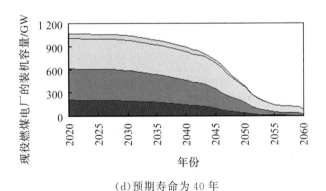

（d）预期寿命为 40 年

图 6.2　中国现役燃煤电厂在 2020 年的投入使用时间及累计装机容量，
以及在不同预期寿命下的年度装机容量变化情况

6.2.2 减排潜力评估

图 6.3 展示了不同政策组合下 2020—2060 年间中国燃煤电厂累积大气重金属排放量和年度排放量分布。由图可以看出,36 个情景下的中国燃煤电厂的重金属排放量的差异明显,其中排放量最高的为"无政策"情景(即"弱-弱-弱"情景),总排放量将达到 220.1 kt。相比之下,"最严格"政策情景,即"强-强-强"情景下的累积大气重金属排放量仅为 38.7 kt,不到"无政策"情景的 1/5。但是,无论是最严格的政策情景还是最宽松的政策情景,代表的都是极端情况,即未来中国燃煤电厂大气重金属排放量的上下限位置,仅作为不同政策减排效果的参照,并不代表未来最大的政策可能性。因此,未来中国燃煤电厂大气重金属排放量最大可能为 220.1 kt;在没有更严格的政策的干扰下,大气重金属最小累积排放量为 38.7 kt。另外,大气重金属预期累积排放量最低的情景为"HECTs-2021",即全国燃煤电厂的污控设备在 2021 年全部升级为 HECTs,大气重金属预期排放量仅为 3.48 kt。

另外,将燃煤电厂的预期寿命设置为 20 年,可以极大地减少未来大气重金属排放量。具体而言,20 年寿命情景涵盖了 36 个情景中排放总量最低的 10 个情景中的 7 个[见图 6.3(a)]。当预期寿命为 20 年时,预期寿命和年运行小时数的变动对重金属累积排放量的影响相对较小,其中最大累积排放量和最小累积排放量分别为"弱-弱-强"情景下的 54.1 kt 和"强-强-强"情景下的 38.7 kt,前者约为后者的 1.4 倍。图 6.3(b)展示了预期寿命为 20 年的情景下大气重金属排放量的年度变化。以 20 年为预期寿命为前提,不同情景下中国燃煤电厂大气重金属排放量的年度变化并不明显。另外,所有 20 年预期寿命情景下的大气重金属排放量都将在 2020—2021 年之间经历一个快速下降的过程,这是由于在 20 年预期寿命下,在 2000 年之前投入使用的燃煤电厂都将在 2021 年集体退役,而 2000 年之前投入使用的燃煤电厂大多为中小型工业自备电厂,其污控设备并未达到最优水平,发电效率相对落后,大气重金属排放强度相对于新建大型燃煤机组较高。因此,近 200 GW 的装机容量退役将在 2021 年带来近 2 000 t 的大气重金属减排量。在预期寿命为 20 年的 9 个情景下,大气重金属排放量都在 2030—2035 年开始接近于 0,这一方面是由于燃煤电厂随着运行寿命到期,逐渐退役;另一方面得益于 2016 年后新建的燃煤电厂基本都安装了完备的对大气重金属协同脱除效益较高的污控设备,且留存的多为大型燃煤机组,运行效率有保障,因此大气重金属排放强度相对较低。

当预期寿命为 30 年时[见图 6.3(a)],燃煤电厂在不同情景下的大气重金属排放总量变化较为平稳,最高累积排放量是"弱-弱-中"情景,高达 135.1 kt。另外,排放总量最小的情景为"强-强-中",即设定年运行小时数下降速度满足 1.5 ℃温控目标,洗煤比重按照年均 5% 的速率增长,且燃煤电厂预期寿命为 30 年的情景,大气重金属排放总量为 74.8 kt,高于"弱-弱-强"情景下的累积重金属排放量。这说明预期寿命相对于年运行小时数和洗煤比重而言,是影响减排成效最为明显的参数,在满足相同的碳减排目标下,即使不改变洗煤比重,通过调整运行年限,也能获得更大的大气重金属减排效果。另外,"中-弱-中"情景下的累积大气重金属排放量相较于"弱-中-中"情景下的累积大气重金属排放量更大,前者的排放量高达 121.2 kt,仅次于"弱-弱-中"情景下的累积大气重金属排放量,后者的累积大气重金属排放量为 113.5 kt。由此可以看出,改变燃煤电厂的年运行小时数相对于改变洗煤比重所获得的减排收益更高。

当预期寿命为 40 年时,大气重金属排放总量相对较高,其中排放总量最高的前 10 个情景中有 7 个为预期寿命为 40 年的情景,且 40 年预期寿命下不同情景之间累积大气重金属排放量差距非常明显,介于 125.1～220.1 kt,最大累积排放量是最小累积排放量的近两倍[见图 6.3(a)]。其中,累积重金属排放量最高的是"弱-弱-强"情景,高达 220.1 kt;累积大气重金属排放量紧随其后的为"中-弱-弱"情景,达到 188.4 kt;"弱-中-弱"情景以 159.6 kt 的累积大气重金属排放量位居第三。值得说明的是,在预期寿命为 40 年的设定下,"强-中-弱"情景下的累积大气重金属排放量相对于"中-强-弱"情景下的累积大气重金属排放量更高,前者为 112.7 kt,后者为 101.7 kt。两者之间的差异主要来自不同的年运行小时数。

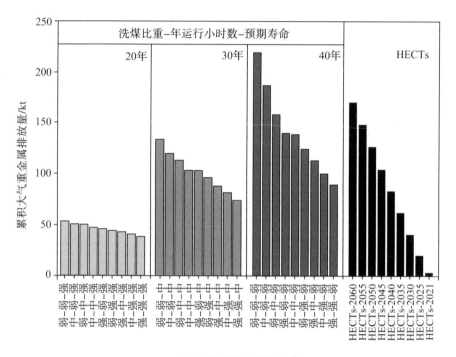

（a）大气重金属排放总量变化

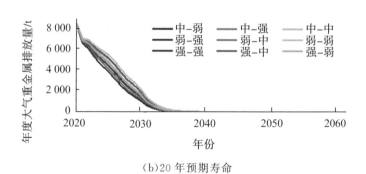

（b）20 年预期寿命

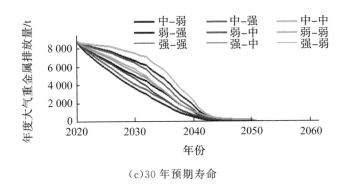

(c)30 年预期寿命

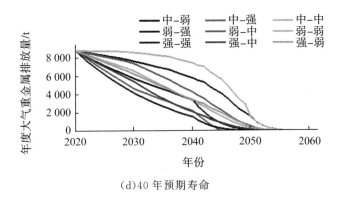

(d)40 年预期寿命

图 6.3　不同政策组合下中国燃煤电厂累积大气重金属排放总量及
不同预期寿命情景下燃煤电厂大气重金属年度排放轨迹

对比不同寿命情景下大气重金属的累积排放量,可以发现燃煤电厂
未来预期寿命越长,减污降碳政策对重金属减排的协同效益越明显。图
6.4(b)～(d)所示不同情景下的年度排放轨迹也证实了这一结论。因此,
对预期寿命较长的燃煤电厂进行进一步的污控设备改造,所获得的协同
减排效益也较为明显。

另外,"弱-中-弱"情景下的大气重金属累积排放量(159.6 kt)比"强-
中-弱"情景下的累积排放量(140.1 kt)高近 20 kt。这说明在同等预期寿
命情景下,提高洗煤比重所取得的预期减排效果可以获得与减少年运行
小时数一致的减排效果。"弱-弱-中"情景下的大气重金属累积排放量

(135.1 kt)和"强-弱-弱"情景下的相当。另外,"强-弱-弱""弱-强-弱"以及"弱-中-弱"三种情景下的年度排放量均在 2030—2040 年期间超过"强-弱-中"情景下的年度排放量,但是它们的总排放量相似。以上结果说明,提高洗煤比重在一定程度上可以在不减少燃煤电厂预期寿命的前提下,降低大气重金属排放量,但增加洗煤比重虽然也可以减少燃煤电厂的使用寿命,但是需要较长时间才能获得相似的减排效果。

此外,对比 HECTs 和其他政策情景下大气重金属排放总量可以发现,如果在 2030 年之前给所有的燃煤电厂安装最高效技术组合的污控设备,其大气重金属累积总排放量和"中-强-强"情景下的相当,而"弱-弱-中"情景下的大气重金属累积排放量与 HECTs 在 2052 年应用到全国的累积总排放量相当。因此,对剩余寿命超过 10 年的燃煤电厂进行进一步的污控设备升级改造,即安装最高效的污控设备,可以缓解燃煤电厂未来的大气重金属减排压力,同时还可以确保燃煤电厂长期运行,保障其发电能力。

6.3 省级尺度的减排潜力评估

从图 6.4 中可以看出,大部分省份如内蒙古、江苏、河南的燃煤机组投入运行的年限较短,剩余预期寿命年限相对较长,因此对大气重金属具有"锁定效应"。未来中短期内,大多数省份燃煤电厂的大气重金属排放量均无明显下降趋势。以陕西为例,在"无政策"情景("弱-弱-弱"情景)下,其年度大气重金属排放量在 2050 年左右才出现明显下降趋势,因为陕西大部分燃煤电厂在 2010 年后才投入使用,因此在 40 年预期寿命的情景设定下,到 2050 年这些燃煤电厂才会大规模退役。在内蒙古、山西、江苏等其他大气重金属排放量高的省份,"无政策"情景下,2045 年前后,年度大气重金属排放量会呈现大幅下降趋势。

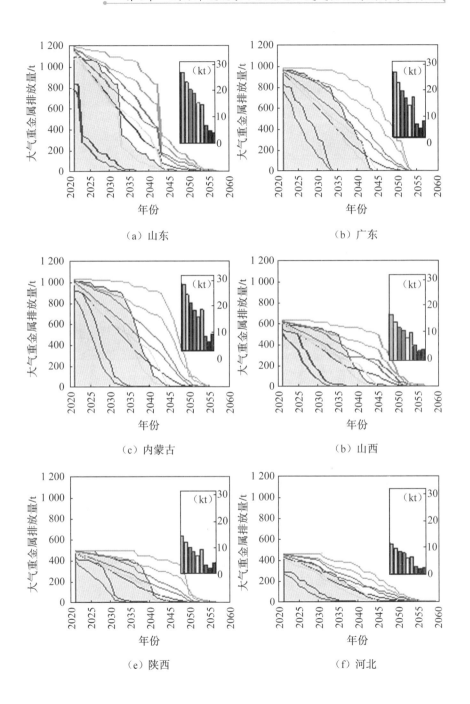

（a）山东　　　　　　　　　　　　　（b）广东

（c）内蒙古　　　　　　　　　　　　（b）山西

（e）陕西　　　　　　　　　　　　　（f）河北

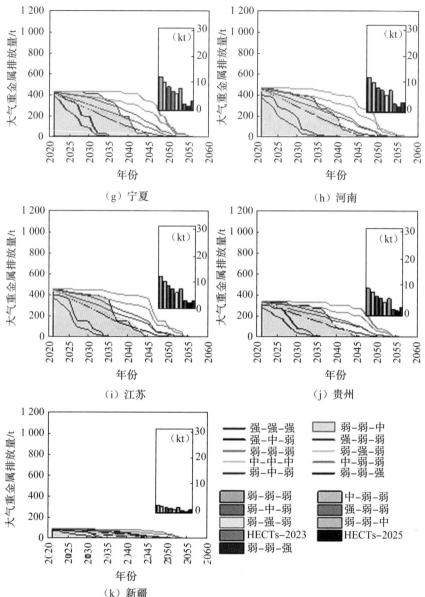

图 6.4　2020 年排放总量前十的省份和排放量最小的省份在主要情景下的减排潜力及未来大气重金属累积排放量（图中的线形图与图 6.3 一致，即不同情景在未来的年度排放量；小直方图表示主要的 7 种情景的大气重金属累积排放量）

与上述省份相比,广东、河南和河北的年度排放量相对稳定,这是因为上述省份过去 20 年在逐步建设燃煤电厂,未出现燃煤电厂装机容量爆发式增长的时期,其装机容量也呈现平稳增长的态势。因此,在相同预期寿命的情景下,相关省份燃煤电厂不会出现集中退役的趋势。

虽然各省份的未来减排潜力存在明显差异,但无论哪种情景下,基础年份排放量较低的省份相比基础年份排放量较大的省份而言,未来大气重金属的减排潜力都相对有限。例如,在 10 个情景下,新疆未来大气重金属累积排放量将从"无政策"情景("弱-弱-弱"情景)下的 2 664.2 t 降至"最严格"政策情景("强-强-强"情景)下的 568.7 t,两者相差约 2 100 t。然而,山东作为 2020 年大气重金属排放量最大的省份,依据"最严格"政策组合实施未来减排政策,其未来大气重金属的累积排放量仅为 2 862.6 t,其中前两年(2021 年、2022 年)的排放量占比为 53.1%;而在"无政策"情景下,未来山东的大气重金属排放总量将会达到 25 689.1 t,前后相差近 2 300 t。可见,山东减排潜力远大于新疆。

山东的大气重金属排放量陡然下降是由山东某自备燃煤电厂的退役所致。一方面,该自备电厂的污控设备采用的是 SCR 系统＋海水脱硫控制系统(SWD)＋ESP,该组合对重金属的协同脱除效率达 41%～97%,与最高效技术组合的脱除效率(90.5%～99.9%)相比有明显差距;另一方面,该自备电厂的总装机容量高达 405 MW,由多个小型燃煤锅炉组合而成,其发电效率较低,年度煤耗量非常大。因此,该类电厂的退役将为大气重金属减排带来巨大的效益。

值得注意的是,除山东外,其他省份都不能仅通过改变洗煤比重、燃煤电厂预期寿命或年运行小时数来实现未来累积排放量低于"HECTs-2025"情景下的累积排放量。山东将燃煤电厂的预期寿命设定为 20 年可以实现"HECTs-2025"情景下的减排目标。具体而言,在"弱-弱-强"情景下,山东的大气重金属累积排放量仅为 3 823.9 t,仅占"HECTs-2025"情景下大气重金属累积排放量的 83.5%。值得一提的是,将山东燃煤电厂的预期寿命设定为 20 年,可以满足《关于汞的水俣公约》中对大气汞减排的要求,即在"弱-弱-强"情景下所获得的减排效益高于在"HECTs-2027"情景下获得的减排效益。山西和河北在"弱-弱-强"情景下的大气重金属累积排放量低于"HECTs-2030"情景下的累积排放量,但是大于"HECTs-2025"情景下的累积排放量。当燃煤电厂的预期寿命设定为20年时,在"弱-弱-强"情景下,上述省份的大量燃煤电厂将在短时间内快速退役。

6.4 敏感度分析

图 6.5 展示了对不同减排参数的敏感度分析。从图 6.5(a)中可以看出,预期寿命对未来大气重金属排放量的影响最大,预期寿命相差 10 年,不同情景下未来大气重金属累积排放量之间的差距可高达几万吨(截至2060 年),尤其是从 2040 年左右开始,上下限之间的差距在逐渐扩大。洗煤比重的变化对未来大气重金属排放量的影响程度最小,年度增长率为 2%或者 5%时对未来大气重金属的减排效果都没有减少未来预期寿命所获得的减排效果明显,三种情景在 2045 年左右才产生较为明显的差距[见图 6.5(b)]。虽然减少年运行小时数和减少预期寿命在一定程度上可以获得相同的碳减排效果,但是从图6.5(c)中可以发现,减少预期寿命所获得的大气重金属减排效果明显高于减少年运行小时数所获得的大气重金属减排效果。如在强情景下,与预期寿命相关的情景下的大气重金属排放量在 2035 年趋于稳定,最大排放量在 50 000 t 左右,但与年运行小时数相关的情景下的大气重金属排放量在 2040 年之后才趋于稳定,并且最高达到125 000 t。因此,在条件允许的情况下,建议采用关停燃煤电厂保证电厂的年运行小时数等措施,以提升碳减排效果和大气重金属减排效果。由图6.5(d)可以看出,升级污控设备带来的大气重金属减排效果最为明显,且能够快速达到减排成效。这说明对于未来预期寿命非常长且有一定发电量要求的燃煤电厂,应该进一步升级改造其污控设备,以求尽早地获得减排效果。

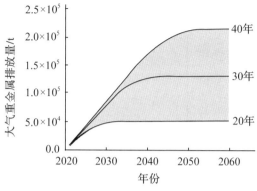

（a）预期寿命的敏感度分析

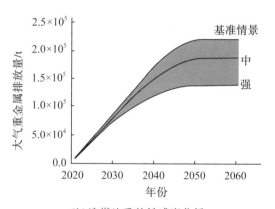

（b）洗煤比重的敏感度分析

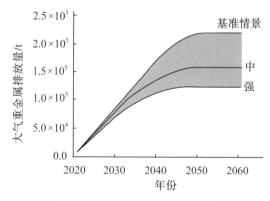

（c）年运行小时数的敏感度分析

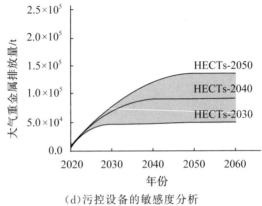

（d）污控设备的敏感度分析

图 6.5　不同减排参数的敏感度分析

6.5　减排政策建议

　　本章在前面章节的基础上，构建了未来中国燃煤电厂大气重金属的减排潜力评估模型，探讨分析了不同情景下中国省级区域燃煤电厂的大气重金属排放情况，并且结合情景分析结果和中国当前形势，对不同地区、不同种类的燃煤电厂提出了相应的减排措施建议。

　　第一，在短期内，进一步升级燃煤电厂的污控设备是保障中国燃煤电厂大气重金属减排效益最为有效的措施之一。因此，对于尚未配备高效污控技术组合的燃煤电厂，短期内将已有污控设备升级为对重金属协同脱除效益最高的污控设备组合，可以大幅降低中国燃煤电厂的大气重金属排放量，短期减排效果明显。然而，小型燃煤机组剩余寿命短、效率低，设备升级改造所需的经济成本较高，与改造后的燃煤电厂相比，其边际减排效益有限，设备升级改造不具有经济价值。鉴于目前中国大量燃煤电厂处于亏损状态，且国家限制燃煤发电导致燃煤价格上涨，进一步升级改造燃煤电厂可能使本就入不敷出的煤电行业面临更大的经济压力。因此，在中国完成燃煤电厂的超低排放改造后，通过进一步升级燃煤电厂的末端治理设施，实现大气重金属减排的潜力在中短期内将相对有限。鉴于当前中国重煤的能源结构,以及短期内燃煤电厂的装机容量可能进一步增加等因素,中国燃煤电厂的大气重金属减排仍面临严峻挑战。

第二,在满足相同碳减排目标的前提下,缩短燃煤电厂的预期寿命比缩短年运行小时数所获得的大气重金属减排效果更加明显。同时,根据实际情况,缩短燃煤电厂的预期寿命可以减少燃煤电厂的运行成本和维护成本。当预期寿命设定为 20 年时,近 70% 的现有燃煤电厂将在 2025 年面临退役风险。然而,燃煤电厂的快速退役将导致电力供应下降,如不能快速发展可再生能源来弥补电力的短缺,将危及中国的能源安全和稳定,并且给输电网建设和地区电力供需平衡带来巨大压力。国内丰富的煤炭资源、不断增长的电力需求、对电网稳定性的担忧和社会经济损失等现实状况,都使得设定所有燃煤电厂的预期寿命为 20 年的减排潜力不具有现实可行性。因此,应因地制宜,有计划、有步骤地设定不同地区燃煤电厂的退役路线图。举例来说,目前仍有近 59 GW 排放强度高、发电效率低的小型燃煤机组处于运行状态,其中大部分机组为 2005 年前投入运行的小型自备电厂。尽早退役以上燃煤电厂可以减少近 20 kt 的大气重金属排放量。因此,缩短老旧的小型燃煤机组的预期寿命可以部分缓解中国未来的大气重金属减排压力。

第三,在不同地区采用何种碳减排措施应考虑到不同区域可再生能源可得性、潜在资产搁置风险和社会影响(如就业和住宅供暖)等因素的区域异质性。习近平主席在 2020 年气候雄心峰会上提出:到 2030 年,非化石能源占中国总一次能源消费比重将达到 25% 左右,风电、太阳能发电总装机容量将达到 1 200 GW 以上。在此背景下,西部、西北地区,特别是甘肃、内蒙古、新疆等地区,由于自身资源禀赋条件的优势,当地可再生能源产业得到了快速发展。然而,上述地区大多数燃煤电厂的年运行小时数仍超过 4 600 h。随着可再生能源的发展,以上地区煤电产能过剩的问题有可能恶化。因此,当地政府应该对燃煤电厂未来的发展进行合理规划,停止新建燃煤电厂,逐步淘汰未安装最有效减排设备组合的燃煤电厂,逐步减少大型燃煤机组的年运行小时数,或对大型燃煤机组进行灵活性改造,利用其稳定性来满足冬季住宅供暖和电力调峰的要求,帮助减少"弃风弃电"等问题,从而降低大气重金属排放量。此外,政府还可以通过提供发电补贴或者出台配套的调峰电价改革政策,来缓解对燃煤电厂收入的影响,鼓励燃煤电厂降低运行时间,增加电力系统调峰的灵活性,提高调峰机动性,以实现更高的可再生能源比重。这种方式在其他国家并不少见。但是,这些政策应当仅限于现役燃煤电厂,以防新的燃煤项目因得到激励而上马。对于可再生能源发展受限但对电力和供暖需求大的发达地区(如江苏、浙江和广东等),高效的大型燃煤机组可以通过使用天然气和生物质等清洁能源替代煤炭,从而减少大气重金属排放量,这可在满足各种污染物减排需求的同时保证燃煤电厂的发电能力。另外,实行阶梯式电价,遏制高能耗、高污染产业的扩张,促进产业结构调整,也能缓解以上发达地区电力供应紧张的局面。

第四,中国不同地区间发电能源与用电需求不匹配,使得跨区域电网建设成为中国电力供需平衡的首要任务。内蒙古、陕西、山西、宁夏、贵州等地都是电力净输出省份,而京津冀地区、长三角和珠三角地区多为电力净流入地区。在进行区域间燃煤电厂淘汰及建设时,应该考虑区域间的电力转移问题,并且要基于全国总体电力需求来制定合理的燃煤电厂退役时间规划表。例如,对于污染程度相近的燃煤电厂,可考虑优先淘汰中国东部地区的燃煤电厂。不仅如此,技术先进地区还应对欠发达地区的燃煤发电行业进行必要的技术指导,避免出现发达地区污染排放量减少但中国总体污染排放量增加的窘境。另外,经过十年的快速发展,中国长距离特高压输电技术已较为成熟,应该增强电网的系统控制和电力调节管理能力,吸纳更高比例的间歇性可再生能源。因此,优化电网布局、打造现代化电网输配系统、开发新一代电力存储技术和灵活性技术、大力发展需求侧用电管理技术等举措也将有助于电力绿色低碳转型,促进大气重金属等污染物减排。

第五,情景分析结果表明,在全国范围内提高燃煤电厂的洗煤比重可以在不损害燃煤电厂发电量的前提下,大幅降低未来燃煤电厂的大气重金属排放量,例如,"强-弱-弱"情景下的大气重金属减排效果和"弱-弱-中"情景以及"弱-强-弱"情景下的减排效果相当。考虑到中国与发达国家在煤电行业洗煤比重方面的显著差异以及中国洗煤行业的快速发展,我国可以通过财政补贴来鼓励燃煤电厂使用洗精煤,尤其是陕西、湖南和贵州等煤炭中重金属含量高的地区。控制酸雨和雾霾方面的成功经验说明,实施更加严格的排放标准可以使企业自主减少大气重金属排放量,因此我国可加快推进制定燃煤电厂消耗煤中重金属含量标准,为燃烧煤炭的煤质制定准入门槛。同时,修订国家环境空气质量标准,进一步将大气重金属排放限值标准纳入其他主要大气重金属排放部门的超低排放改造中。

第六,研究表明煤电将长期续存,预计到 2060 年中国的煤电仍将占 5% 左右的比例。因此,陕西、内蒙古和河南等新建燃煤电厂装机容量多的地区,需要进一步升级污控设备,包括使用专门脱除大气重金属的污控设备。另外,其他工业燃煤锅炉(如有色金属冶炼行业、垃圾焚烧行业和水泥熟料生产行业)也是中国主要的大气重金属排放源,对除燃煤发电锅炉以外的其他锅炉进行超低排放改造也是大气重金属减排必不可少的环节。中国在空气污染治理方面的成功经验说明,实施更严格的排放标准和国家环境空气质量标准可以有效减少污染物排放,因此,我国应加快制定大气重金属排放标准,加强国家环境空气质量标准的修订,将大气重金属排放限值纳入超低排放改造考核范围内,完善大气重金属控制相关法律。

本章小结

本章基于中国碳减排政策和空气污染治理政策,引入洗煤比重、污控设备组合、燃煤电厂预期寿命和年运行小时数 4 个关键参数,设计了 28 类共 36 个政策情景来模拟中国燃煤电厂大气重金属的减排潜力。本章得到的主要结论如下:

(1)预期寿命为 20 年的情景下,未来大气重金属累积排放量为 38.7~54.1 kt;而预期寿命为 40 年的情景下,总排放量是前者的 2.3~5.7 倍,其中最宽松政策情景下的累积排放量可达 220.1 kt,而最严格政策情景下的累积排放量为 38.7 kt,仅为最宽松政策情景下的 17.6%。

(2)缩短老旧的小型燃煤机组的预期寿命可以部分缓解中国燃煤电厂大气重金属的减排压力,其中快速淘汰约 59 GW 排放强度高、发电效率低的小型燃煤机组可减少近 20 kt 的大气重金属排放量。

（3）洗煤比重对未来大气重金属的减排具有较好的效果,如以年均 5％的速度增加燃煤电厂的洗煤比重,可以使燃煤电厂大气重金属排放量减少80.1 kt,其减排收益相当于将燃煤电厂的预期寿命从 40 年降低到 30 年(85.1 kt)。

第7章 总结与展望

7.1 总 结

　　燃煤电厂是中国大气重金属排放的主要来源之一。编制中国燃煤电厂高精度长时间序列大气重金属排放清单、合理分配区域减排责任、辨识大气重金属排放变化的驱动因素和明晰不同协同政策情景下大气重金属的减排潜力,有助于了解大气重金属排放现状与演化格局,评估已有减排政策的效果,同时也能为未来制定更加公平、合理、有效的减排政策提供方法指导和路径选择。

　　为此,本书通过对中国燃煤电厂相关参数数据的收集和整理,编制了生产视角下 2005—2020 年中国 12 种大气重金属的点源级排放清单;基于此,结合投入产出分析模型,核算了消费视角下中国省级大气重金属排放清单,继而对比分析了两种视角下大气重金属排放清单的差异与联系。在此基础上,本书基于"共担责任"原则对中国省级大气汞排放责任进行了划分,这为进一步合理分配大气重金属减排责任提供了参考。另外,本书利用 LMDI 模型和 MRIO-SDA 模型,辨识了生产视角下和消费视角下大气汞排放变化的驱动因素及其演化,明晰了影响大气汞排放变动的关键驱动因素。最后,本书基于影响大气汞排放变化的关键驱动因素和 2020 年中国燃煤电厂大气重金属排放清单,结合当前碳减排和空气污染治理政策目标,评估了中国燃煤电厂大气重金属的减排潜力。现将本书的主要结论归纳如下：

（1）编制了生产视角下中国燃煤电厂的高精度长时间序列大气重金属排放清单。本书通过收集整理中国不同地区燃煤中 12 种大气重金属（Hg、As、Se、Pb、Cd、Cr、Ni、Sb、Mn、Co、Cu 和 Zn）的含量数据，构建了2018 年中国省级的燃煤运输矩阵，精准测算了中国 30 个省份实际消耗燃煤中的重金属含量，编制了 2005—2020 年涵盖中国 30 个省份 90% 以上的燃煤电厂的发电量、年运行小时数、单位供电煤耗、位置和年度煤耗量等参数数据库，结合重金属排放因子模型，核算了每个燃煤电厂在不同年份中 12 种大气重金属的排放因子。在此基础上，精确核算了中国燃煤电厂的大气重金属排放量和 2020 年不同重金属排放量的不确定度。研究发现，中国燃煤电厂的大气重金属排放量在 2005—2020 年下降明显，从12 869.8 t 下降至 8 801.0 t，其中约 90% 的减排量出现在 2005—2010 年期间，这是由于 2010 年后中国燃煤电厂的装机容量增长较快，因此大气重金属减排速度有所下降。从重金属种类上看，12 种重金属中有 10 种都呈现下降趋势，但 Mn 和 Sb 呈现上升趋势，其中 Sb 的排放量增加了 84%。就装机容量而言，小型燃煤电厂的排放量下降最为明显，总体下降了 4 068.8 t，而大型燃煤电厂的排放量则由 1 659.5 t 增加至 5 446.3 t。从省份角度来看，重金属排放中心逐渐从江苏、浙江和广东等经济发达、人口众多的经济中心转移到煤炭资源丰富的地区（如内蒙古、山西和陕西）。

（2）基于中国多区域投入产出模型，核算了消费视角下的省级大气汞排放清单。研究发现，沿海的发达省份在消费视角下的大气汞排放量相对较高，其中山东、江苏和广东的排放量居前三位。近年来，中国经济结构调整和产业转移，导致东部和南部沿海地区的高耗能、高污染、高排放的产业向中部地区省份转移，这使得东部沿海地区的隐含大气汞排放量有所下降，而中部地区的隐含大气汞排放量则呈现上升趋势，其中浙江（−6.7 t）、广东（−5.2 t）和上海（−4.2 t）的减排量位居前三，湖北和内蒙古的排放量增长明显。结果说明，发达地区是隐含大气汞排放净流入地，而中部地区的煤电大省是隐含大气汞排放净流出地。

（3）建立了为区域间公平合理地划分排放责任的"共担责任"模型。鉴于单一视角责任原则的局限性，本书依据"共担责任"原则，将各省区生产视角和消费视角下的大气汞排放清单作为数据基础,引入责任分配系数,核算了中国不同省份在不同年份应承担的排放责任。研究发现,内蒙古、江苏、河南等生产视角下排放量较大的省份,以及山东、浙江和广东等消费视角下排放量较大的省份在"共担责任"原则下,都需要承担较大的排放责任。另外,由于本地煤耗增加且经济发展迅速,内蒙古、河北和宁夏等在"共担责任"原则下的排放量呈现上升趋势,最高达40%;而浙江、河南和辽宁由于自身产业结构调整、消费结构调整等,在"共担责任"原则下,其排放量下降了20%以上。

(4)以大气汞为例,利用LMDI模型和MRIO-SDA模型辨识了生产视角和消费视角下中国燃煤电厂大气重金属排放变化的驱动因素。本书基于已有的大气汞排放清单,从生产和消费两个视角出发,辨识了洗煤比重、污控设备组合脱除效率、燃煤消费结构、生产结构、能源消费结构、人均消费水平和人口等社会、经济、能源、技术因素对大气汞排放的影响环节和方向,量化分析了各因素的贡献,厘清了不同视角下影响大气汞减排的关键驱动因素。结果发现,在生产视角下,经济规模增长是导致大气汞排放量增长的最主要因素,能源强度下降和污控设备升级改造是抑制大气汞排放量增长的主导因素。在消费视角下,隐含大气汞排放量增长主要是由人均最终消费水平增长导致的,排放因子效应和能源效率效应对隐含大气汞排放量增长起最主要的抑制作用,而能源结构升级和消费结构调整在未来具有一定的减排潜力。大多数省份的排放变化原因与全国相似,但是个别省份或城市也有所不同,如在生产视角下,能源强度效应导致黑龙江的隐含大气汞排放量增加,而能源效率效应则是拉动贵州隐含大气汞排放量增长的最主要因素。

(5)基于前文识别影响大气重金属排放变化的关键驱动因素和2020年中国燃煤电厂大气重金属排放清单的相关研究,结合未来可能的减污降碳政策,通过引入洗煤比重、污控设备组合、年运行小时数和燃煤电厂预期寿命四个因素,构建了多政策目标组合在不同政策强度情景下的大气重金属减排潜力分析模型。研究发现,基准情景下未来大气重金属累积排放量最高可达220.1 kt,是最严格政策情景下的累积排放量的近6倍。相比于洗煤比重和年运行小时数,燃煤电厂的预期寿命对燃煤电厂大气重金属的协同减排效应更大。提高洗煤比重可以在不损害燃煤电厂发电效率的前提下,减少大气重金属排放量,其中,当洗煤比重年度增长率达到5％时,其减排效果相当于将燃煤电厂的预期寿命从40年降低为30年。因此,应鼓励贵州、陕西等燃煤中重金属含量较高的省份在煤电行业推广使用洗煤技术。尽管中国在煤电行业已经完成超低排放改造,但是仍存在约59 GW的老旧自备电厂尚未使用对重金属协同脱除效率高的末端治理技术,导致这部分燃煤电厂的重金属排放强度较高、重金属污染严重,快速淘汰上述类型的燃煤电厂可以带来近20 kt的重金属减排量。

7.2 展 望

本书结合多种模型,编制了多视角下中国燃煤电厂大气重金属排放清单,发展了不同区域减排责任分摊模型,辨识了不同视角下影响大气重金属排放变化的驱动因素,构建了大气重金属协同控制策略模型,明晰了中国不同地区减排效果最佳协同控制路径。但是囿于时间和学术水平,仍有部分工作有待深入研究和扩展,主要有以下几个方面:

(1)完善高精度、全口径、长时间序列的大气重金属排放清单动态核算机制。生产视角下的排放清单要不断细化、完善燃煤电厂及其他行业相关数据,如本书未涉及的对大气重金属排放影响较大的煤炭种类,从而做到对中国人为排放源的全部门、多维度、长时序的监测和分析,以求整体控制排放总量,重点攻坚主要排放源,划定重金属污染防控重点区域。这有利于整体掌握中国大气重金属人为排放源的现状(排放总量、时空变化、重点行业变化等)和未来减排压力,制定更有针对性的协同减排政策路径,建立健全重金属污染防控长效机制,全面提升重金属污染治理能力、环境风险防控能力和环境监管能力,有效管控重金属环境风险。消费视角下的排放清单可以根据投入产出表的更新进行动态更新核算,明晰不同时期的经济发展对消费视角下大气重金属排放的影响,及时合理地调整不同政策。

(2)构建"污染控制技术-用电需求-经济成本-环境目标"耦合的多指

标评估模型,测算不同减排方案的经济成本、政策成本、预期收益及外溢效应,探讨各个减排模型的合理性和可操作性,以满足未来不同时期社会的用电需求量、技术进步水平和环境承载力等为约束条件,以大气重金属协同减排量最大化和协同控制总成本最小化为目标,对不同减排策略路径进行综合评估分析,在兼顾环境保护和经济发展多种目标的前提下,寻求微观层面各个燃煤电厂大气重金属协同控制的最优路径。

参考文献

［1］BANK M S. The mercury science-policy interface：History，evolution and progress of the minamata convention［J］. Science of the Total Environment，2020，722：13872.

［2］UNCP Chemical Branch. The global atmospheric mercury assessment：Sources，emissions and transport［R］. Geneva：UNEP-Chemicals，2008.

［3］United Nations Environment Programme. Global mercury assessment 2018［R］. Geneva，Switzerland：Chemicals and Health Branch，2018.

［4］TIAN H Z，ZHU C Y，GAO J J，et al. Quantitative assessment of atmospheric emissions of toxic heavy metals from anthropogenic sources in China：Historical trend，spatial distribution，uncertainties，and control policies［J］. Atmospheric Chemistry and Physics，2015，15（17）：10127-10147.

［5］CHEN L，LIANG S，LIU M，et al. Trans-provincial health impacts of atmospheric mercury emissions in China［J］. Nature Communications，2019，10(1)：1-12.

［6］王春梅，欧阳华，王金达，等. 沈阳市环境铅污染对儿童健康的影响［J］. 环境科学，2003，24(5)：17-22.

［7］任慧敏，王金达，王国平，等. 沈阳市土壤铅对儿童血铅的影响［J］.

环境科学，2005，26(6)：153-158.

[8] YING H，DENG M，LI T，et al. Anthropogenic mercury emissions from 1980 to 2012 in China[J]. Environmental Pollution，2017，226：230-239.

[9]QIN X，ZHANG L，WANG G，et al. Assessing contributions of natural surface and anthropogenic emissions to atmospheric mercury in a fast-developing region of eastern China from 2015 to 2018[J]. Atmospheric Chemistry and Physics，2020，20(18)：10985-10996.

[10]ZHU C，TIAN H，CHENG K，et al. Potentials of whole process control of heavy metals emissions from coal-fired power plants in China[J]. Journal of Cleaner Production，2016，114：343-351.

[11] TIAN H Z，LIU K Y，ZHOU J R，et al. Atmospheric emission inventory of hazardous trace elements from China's coal-fired power plants—temporal trends and spatial variation characteristics[J]. Environmental Science & Technology，2014，48(6)：3575-3582.

[12]PACYNA E G，PACYNA J M，FUDALA J，et al. Current and future emissions of selected heavy metals to the atmosphere from anthropogenic sources in Europe[J]. Atmospheric Environment，2007，41(38)：8557-8566.

[13]PACYNA J M，PACYNA E G. An assessment of global and regional emissions of trace metals to the atmosphere from anthropogenic sources worldwide[J]. Environmental Reviews，2001，9(4)：269-298.

[14]LIU Y，XING J，WANG S，et al. Source-specific speciation profiles of $PM_{2.5}$ for heavy metals and their anthropogenic emissions in China[J]. Environmental Pollution，2018，239：544-553.

[15]CHENG K，WANG Y，TIAN H，et al. Atmospheric emission characteristics and control policies of five precedent-controlled toxic heavy metals from anthropogenic sources in China[J]. Environmental Science & Technology，2015，49(2)：1206-1214.

[16]TANG L，QU J，MI Z，et al. Substantial emission reductions

from Chinese power plants after the introduction of ultra-low emissions standards[J]. Nature Energy，2019，4(11)：929-938.

[17]ZHAO S L，DUAN Y F，CHEN L，et al. Study on emission of hazardous trace elements in a 350 MW coal-fired power plant. Part 1. Mercury[J]. Environmental Pollution，2017，229：863-870.

[18]WEN M，WU Q，LI G，et al. Impact of ultra-low emission technology retrofit on the mercury emissions and cross-media transfer in coal-fired power plants[J]. Journal of Hazardous Materials，2020，396：122729.

[19]国家统计局能源统计司. 中国能源统计年鉴2017[M]. 北京：中国统计出版社，2017.

[20]国家统计局能源统计司. 中国能源统计年鉴2019[M]. 北京：中国统计出版社，2020.

[21]JIANG S Q，CHEN Z，SHAN L，et al. Committed CO_2 emissions of China's coal-fired power generators from 1993 to 2013[J]. Energy Policy，2017，104：295-302.

[22]林伯强，吴微. 中国现阶段经济发展中的煤炭需求[J]. 中国社会科学，2018(2)：141-161，207-208.

[23]中国能源研究会. 中国能源展望2030[M]. 北京：经济管理出版社，2016.

[24]CUI R Y，HULTMAN N，EDWARDS M R，et al. Quantifying operational lifetimes for coal power plants under the Paris goals[J]. Nature Communications，2019，10(1)：1-9.

[25]JEWELL J，VINICHENKO V，NACKE L，et al. Prospects for powering past coal[J]. Nature Climate Change，2019，9(8)：592-597.

[26]XING J，LU X，WANG S，et al. The quest for improved air quality may push China to continue its CO_2 reduction beyond the Paris commitment[J]. Proceedings of the National Academy of Sciences of the United States of America，2020，117(47)：29535-29542.

[27]WANG G, DENG J, ZHANG Y, et al. Air pollutant emissions from coal-fired power plants in China over the past two decades[J]. Science of the Total Environment, 2020, 741: 140326.

[28]TONG D, ZHANG Q, LIU F, et al. Current emissions and future mitigation pathways of coal-fired power plants in China from 2010 to 2030[J]. Environmental Science & Technology, 2018, 52(21): 12905-12914.

[29]CHEN B, YANG Q, LI J S, et al. Decoupling analysis on energy consumption, embodied GHG emissions and economic growth—the case study of Macao[J]. Renewable & Sustainable Energy Reviews, 2017, 67: 662-672.

[30]FANG D, CHEN B, HUBACEK K, et al. Clean air for some: Unintended spillover effects of regional air pollution policies[J]. Science Advances, 2019, 5(4): eaav4707.

[31]NRIAGU J O, PACYNA J M. Quantitative assessment of worldwide contamination of air, water and soils by trace metals[J]. Nature, 1988, 333(6169): 134-139.

[32]STREETS D G, HOROWITZ H M, JACOB D, et al. Total mercury released to the environment by human activities[J]. Environmental Science & Technology, 2017, 51(11): 5969-5977.

[33]STREETS D G, DEVANE M K, LU Z, et al. All-time releases of mercury to the atmosphere from human activities [J]. Environmental Science & Technology, 2011, 45(24): 10485-10491.

[34]STREETS D G, ZHANG Q, WU Y. Projections of global mercury emissions in 2050[J]. Environmental Science & Technology, 2009, 43(8): 2983-2988.

[35]TIAN H, ZHOU J, ZHU C, et al. A comprehensive global inventory of atmospheric antimony emissions from anthropogenic activities, 1995-2010[J].Environmental Science & Technology, 2014, 48(17): 10235-10241.

[36]高炜，支国瑞，薛志钢.1980—2007年我国燃煤大气汞、铅、砷排放趋势分析[J].环境科学研究，2013，26(8):822-828.

[37]吴文俊，蒋洪强.大气砷铅污染排放模型及重点源排放特征研究[J].中国管理科学，2011(19)：725-732.

[38]田贺忠，曲益萍.2005年中国燃煤大气砷排放清单[J].环境科学，2009，30(4)：956-962.

[39]TIAN H，LIU K，ZHOU J，et al. Atmospheric emission inventory of hazardous trace elements from China's coal-fired power plants-temporal trends and spatial variation characteristics [J]. Environmental Science & Technology，2014，48(6)：3575-3582.

[40]WU Q R，WANG S X，LI G L，et al. Temporal trend and spatial distribution of speciated atmospheric mercury emissions in China during 1978-2014 [J]. Environmental Science & Technology，2016，50(24)：13428-13435.

[41]王堃，滑申冰，田贺忠，等.2011年中国钢铁行业典型有害重金属大气排放清单[J].中国环境科学，2015，35(10)：2934-2938.

[42]TIAN H Z，WANG Y，XUE Z G，et al. Trend and characteristics of atmospheric emissions of Hg，As，and Se from coal combustion in China，1980-2007 [J]. Atmospheric Chemistry and Physics，2010，10(23)：11905-11919.

[43]HUANG Y，ZHOU B，LI N，et al. Spatial-temporal analysis of selected industrial aquatic heavy metal pollution in China[J]. Journal of Cleaner Production，2019，238：117944.

[44]ZHU C，TIAN H，HAO Y，et al. A high-resolution emission inventory of anthropogenic trace elements in Beijing-Tianjin-Hebei (BTH) region of China[J]. Atmospheric Environment，2018，191：452-462.

[45]ZHOU S L，WEI W D，CHEN L，et al. Impact of a coal-fired power plant shutdown campaign on heavy metal emissions in China[J]. Environmental Science & Technology，2019，53(23)：14063-14069.

[46] CHEN J, ZHANG B, ZHANG S, et al. A complete atmospheric emission inventory of F, As, Se, Cd, Sb, Hg, Pb, and U from coal-fired power plants in Anhui province, eastern China[J]. Environmental Geochemistry and Health, 2021, 43(5): 1817-1837.

[47]车凯, 陈崇明, 郑庆宇, 等. 燃煤电厂重金属排放与周边土壤中重金属污染特征及健康风险[J]. 环境科学, 2022, 4: 1-15.

[48]左朋莱, 王晨龙, 佟莉, 等. 小型燃煤机组烟气重金属排放特征研究[J]. 环境科学研究, 2022, 33(11): 2599-2604.

[49]ZHANG R, LI Z R, TIAN J X. Study on dea efficiency of provincial input-output in China[C]//12th International Conference on Management Science and Engineering. Incheon, South Korea, 2005: 1389-1392.

[50]CHEN L, SHEN G, YAN F. Comparative study of input-output efficiency on college scientific research[C]//2010 2nd International Workshop on Database Technology and Applications. IEEE, 2010: 1-4.

[51]MUNKSGAARD J, PEDERSEN K A. CO_2 accounts for open economies: Producer or consumer responsibility? [J]. Energy Policy, 2001, 29(4): 327-334.

[52]WU L, YUN J. A dea-based efficiency study of service industries in 19 central cities in China[C]//10th International Conference on Innovation and Management. NEF Pontif Cathol Univ Sao Paulo, Sao Paulo, Brazil. 2013: 766-771.

[53]国家统计局能源统计司. 中国能源统计年鉴 2020[M]. 北京: 中国统计出版社, 2021.

[54]MILLER R E, BLAIR P. Input-output analysis: Foundations and extensions [M]. Cambridge: Cambridge University Press, 2009.

[55]ROSE A, MIERNYK W. Input-output analysis: The first fifty years[J]. Economic Systems Research, 1989, 1(2): 229-272.

[56] ISARD W. Some notes on the linkage of the ecologic and economic systems [C]//Papers of the Regional Science Association.

Springer-Verlag, 1969: 85-96.

[57] LEONTIEF W, Environmental repercussions and the economic structure: an input-output approach[J]. The Review of Economics and Statistics, 1970, 52(3): 262-271.

[58] JUSTIN K. An introduction to environmentally-extended input-output analysis[J]. Resources, 2013, 2(4): 489-503.

[59] LIANG S, WANG Y, XU M, et al. Environmental input-output analysis in industrial ecology[J]. Acta Ecologica Sinica, 2016, 36(22): 7217-7227.

[60] DAVIS S J, CALDEIRA K. Consumption-based accounting of CO_2 emissions[J]. Proceedings of the National Academy of Sciences of the United States of America, 2010, 107(12): 5687-5692.

[61] SUNG-ROK K, JONG-SANG L, JUN-SANG Y. A study on a method of making regional input-output tables by using quadratic programming method[J]. Journal of Korea Planning Association, 2012, 47(1): 215-222.

[62] CHEN L, LIANG S, ZHANG Y X, et al. Atmospheric mercury outflow from China and interprovincial trade[J]. Environmental Science & Technology, 2018, 52(23): 13792-13800.

[63] CHEN L, MENG J, LIANG S, et al. Trade-induced atmospheric mercury deposition over China and implications for demand-side controls[J]. Environmental Science & Technology, 2018, 52(4): 2036-2045.

[64] WEBER C L, PETERS G P, GUAN D, et al. The contribution of Chinese exports to climate change[J]. Energy Policy, 2008, 36(9): 3572-3577.

[65] SU B, THOMSON E. China's carbon emissions embodied in (normal and processing) exports and their driving forces, 2006-2012[J]. Energy Economics, 2016, 59: 414-422.

[66] MENG J, MI Z F, GUAN D B, et al. The rise of south-south trade and its effect on global CO_2 emissions[J]. Nature Communications,

2018，9：7.

[67]WU L，ZHONG Z，LIU C，et al. Examining $PM_{2.5}$ emissions embodied in China's supply chain using a multiregional input-output analysis[J]. Sustainability，2017，9(5)：727.

[68] GUAN D，SU X，ZHANG Q，et al. The socioeconomic drivers of China's primary $PM_{2.5}$ emissions[J]. Environmental Research Letters，2014，9(2)：024010.

[69]MENG J，LIU J，XU Y，et al. Tracing primary $PM_{2.5}$ emissions via Chinese supply chains [J]. Environmental Research Letters，2015，10(5)：054005.

[70]LIU Q，WANG Q. Reexamine SO_2 emissions embodied in China's exports using multiregional input-output analysis[J]. Ecological Economics，2015，113：39-50.

[71]YANG X，ZHANG W，FAN J，et al. The temporal variation of SO_2 emissions embodied in Chinese supply chains，2002-2012[J]. Environmental Pollution，2018，241：172-181.

[72]MI Z，ZHENG J，MENG J，et al. China's energy consumption in the new normal[J]. Earth's Future，2018，6(7)：1007-1016.

[73] TIAN X，BRUCKNER M，GENG Y，et al. Trends and driving forces of China's virtual land consumption and trade[J]. Land Use Policy，2019，89：1-10.

[74]GUO S，SHEN G Q，CHEN Z-M，et al. Embodied cultivated land use in China 1987-2007 [J]. Ecological Indicators，2014，47：198-209.

[75]CHEN G Q，HAN M Y. Virtual land use change in China 2002-2010：Internal transition and trade imbalance [J]. Land Use Policy，2015，47：55-65.

[76]GUAN D，HUBACEK K，TILLOTSON M，et al. Lifting China's water spell[J]. Environmental Science & Technology，2014，48(19)：11048-11056.

［77］和夏冰，张宏伟，王媛，等. 基于投入产出法的中国虚拟水国际贸易分析［J］. 环境科学与管理，2011，36（3）：7-10.

［78］CHEN B，LI J S，CHEN G Q，et al. China's energy-related mercury emissions：Characteristics，impact of trade and mitigation policies［J］. Journal of Cleaner Production，2017，141：1259-1266.

［79］HUI M L，WU Q R，WANG S X，et al. Mercury flows in China and global drivers［J］. Environmental Science ＆ Technology，2017，51（1）：222-231.

［80］LIANG S，XU M，LIU Z，et al. Socioeconomic drivers of mercury emissions in China from 1992 to 2007［J］. Environmental Science ＆ Technology，2013，47（7）：3234-3240.

［81］LIANG S，WANG Y，CINNIRELLA S，et al. Atmospheric mercury footprints of nations［J］. Environmental Science ＆ Technology，2015，49（6）：3566-3574.

［82］CHEN G Q，LI J S，CHEN B，et al. An overview of mercury emissions by global fuel combustion：The impact of international trade［J］. Renewable ＆ Sustainable Energy Reviews，2016，65：345-355.

［83］ZHANG W，LIU M，HUBACEK K，et al. Virtual flows of aquatic heavy metal emissions and associated risk in China［J］. Journal of Environmental Management，2019，249：109400.

［84］LIANG S，ZHANG C，WANG Y，et al. Virtual atmospheric mercury emission network in China［J］. Environmental Science ＆ Technology，2014，48（5）：2807-2815.

［85］WANG Z X，LIAN L L，LI J，et al. The atmospheric lead emission，deposition，and environmental inequality driven by interprovincial trade in China［J］. The Science of the Total Environment，2021，797：149113.

［86］LI J S，CHEN G Q，HAYAT T，et al. Mercury emissions by Beijing's fossil energy consumption：Based on environmentally extended input-output analysis［J］. Renewable ＆ Sustainable Energy Reviews，

2015，41：1167-1175.

［87］ZHONG H，ZHAO Y，MUNTEAN M，et al. A high-resolution regional emission inventory of atmospheric mercury and its comparison with multi-scale inventories：A case study of Jiangsu，China［J］. Atmospheric Chemistry and Physics，2016，16(23)：15119-15134.

［88］BASTIANONI S，PULSELLI F M，TIEZZI E. The problem of assigning responsibility for greenhouse gas emissions［J］. Ecological Economics，2004，49(3)：253-257.

［89］赵定涛，杨树. 共同责任视角下贸易碳排放分摊机制［J］. 中国人口·资源与环境，2013，23(11)：1-6.

［90］LENZEN M. Aggregation (in-)variance of shared responsibility：A case study of Australia［J］. Ecological Economics，2007，64(1)：19-24.

［91］CADARSO M A，LOPEZ L ，GOMEZ N，et al. International trade and shared environmental responsibility by sector. An application to the Spanish economy［J］. Ecological Economics，2012，83：221-235.

［92］史亚东. 各国二氧化碳排放责任的实证分析［J］. 统计研究，2012，29(7)：61-67.

［93］GALLEGO B，LENZEN M. A consistent input-output formulation of shared producer and consumer responsibility［J］. Economic Systems Research，2005，17(4)：365-391.

［94］陈楠，刘学敏，长谷部勇一. 公平视角下的中日两国碳排放责任研究［J］. 国际贸易问题，2016(7)：84-96.

［95］徐盈之，郭进. 开放经济条件下国家碳排放责任比较研究［J］. 中国人口·资源与环境，2014，24(1)：55-63.

［96］彭水军，张文城，孙传旺. 中国生产侧和消费侧碳排放量测算及影响因素研究［J］. 经济研究，2015，50(1)：168-182.

［97］ZHU Y B，SHI Y J，WU J，et al. Exploring the characteristics of CO_2 emissions embodied in international trade and the fair share of responsibility［J］. Ecological Economics，2018，146：574-587.

［98］ANDREW R，FORGIE V. A three-perspective view of

greenhouse gas emission responsibilities in New Zealand[J]. Ecological Economics，2008，68(1-2)：194-204.

[99]汪臻，赵定涛. 开放经济下区域间碳减排责任分摊研究[J]. 科学学与科学技术管理，2012，33(7)：84-89.

[100]赵慧卿，郝枫. 中国区域碳减排责任分摊研究：基于共同环境责任视角[J]. 北京理工大学学报（社会科学版），2013，15（6）：27-32，38.

[101]CHANG N. Sharing responsibility for carbon dioxide emissions：A perspective on border tax adjustments[J]. Energy Policy，2013，59：850-856.

[102]付坤，齐绍洲. 中国省级电力碳排放责任核算方法及应用[J]. 中国人口·资源与环境，2014，24(4)：27-34.

[103]ANG B W，ZHANG F Q. A survey of index decomposition analysis in energy and environmental studies[J]. Energy，2000，25（12）：1149-1176.

[104]LI J，TONG R. A research of trans-regional enterprise input-output model[J]. Management Review，2010，22(2)：23-29.

[105]ZHAO F，LIU B. An interregional input-output model based on RPC and its application[J]. Systems Engineering，2011，29（11）：55-62.

[106]DIETZENBACHER E，MILLER R E. Reflections on the inoperability input-output model[J]. Economic Systems Research，2015，27(4)：478-486.

[107]GUO C，TANG H. Stability analysis of the dynamic input-output system[J]. Applied Mathematics，2002，17(4)：473-478.

[108]BOYD G A，HANSON D A，STERNER T. Decomposition of changes in energy intensity：A comparison of the Divisia index and other methods[J]. Energy Economics，1988，10(4)：309-312.

[109]ANG B W，CHOI K H. Decomposition of aggregate energy and gas emission intensities for industry：A refined Divisia index

method[J]. Energy, 1997, 18(3):59-73.

[110]ANG B W, LIU F L. A new energy decomposition method: Perfect in decomposition and consistent in aggregation[J]. Energy, 2001, 26(6): 537-548.

[111]ANG B W. Decomposition analysis for policymaking in energy: Which is the preferred method? [J]. Energy Policy, 2004, 32(9): 1131-1139.

[112]ANG B W. The LMDI approach to decomposition analysis: A practical guide[J]. Energy Policy, 2005, 33(7): 867-871.

[113]ANG B W. LMDI decomposition approach: A guide for implementation[J]. Energy Policy, 2015, 86: 233-238.

[114]GUO C, TANG H. Stability analysis of the dynamic input-output system[J]. Applied Mathematics-A Journal of Chinese Universities Series B, 2002, 17(4): 473-478.

[115]鲁万波,仇婷婷,杜磊.中国不同经济增长阶段碳排放影响因素研究[J].经济研究,2013,48(4):106-118.

[116]GUAN D, MENG J, REINER D M, et al. Structural decline in China's CO_2 emissions through transitions in industry and energy systems[J]. Nature Geoscience, 2018, 11(8): 551-555.

[117]DING L, LIU C, CHEN K, et al. Atmospheric pollution reduction effect and regional predicament: An empirical analysis based on the Chinese provincial NO_x emissions[J]. Journal of Environmental Management, 2017, 196: 178-187.

[118]WANG Q, WANG Y, ZHOU P, et al. Whole process decomposition of energy-related SO_2 in Jiangsu province, China[J]. Applied Energy, 2017, 194: 679-687.

[119]WANG C, CHEN J, JI Z. Decomposition of energy-related CO_2 emission in China: 1957-2000[J]. Energy, 2005, 30(1): 73-83.

[120]SHAO S, LIU J, GENG Y, et al. Uncovering driving factors of carbon emissions from China's mining sector[J]. Applied Energy,

2016，166：220-238.

[121] HUANG Y，ZHOU B，HAN R，et al. Spatial-temporal characteristics and driving factors of the human health impacts of five industrial aquatic toxic metals in China[J]. Environmental Monitoring and Assessment，2020，192(5)：1-14.

[122]LI J S，WEI W D，ZHEN W，et al. How green transition of energy system impacts China's mercury emissions[J]. Earths Future，2019，7(12)：1407-1416.

[123]WU Z，YE H，SHAN Y，et al. A city-level inventory for atmospheric mercury emissions from coal combustion in China[J]. Atmospheric Environment，2020，223：117245.

[124]LI J S，ZHOU H W，MENG J，et al. Carbon emissions and their drivers for a typical urban economy from multiple perspectives：A case analysis for Beijing city[J]. Applied Energy，2018，226：1076-1086.

[125]MI Z，MENG J，GUAN D，et al. Chinese CO_2 emission flows have reversed since the global financial crisis[J]. Nature Communications，2017，8(1)：1712.

[126]SU B，ANG B W. Structural decomposition analysis applied to energy and emissions：Some methodological developments[J]. Energy Economics，2012，34(1)：177-188.

[127] ROMER A，MONTENBRUCK J M，ALLGOEWER F. Data-driven inference of conic relations via saddle-point dynamics[J]. IFAC-PapersOnLine，2018，51(25)：396-401.

[128]YANG K，XIE X. The analysis about dea-efficiency of China cities' input-output[J]. Geography and Territorial Research，2002，18(3)：45-47.

[129] HUBACEK K，GILJUM S. Applying physical input-output analysis to estimate land appropriation (ecological footprints) of international trade activities[J]. Ecological Economics，2003，44(1)：137-151.

[130]SAYAPOVA A R. Interrelation between tooling evolution and analytical potential of input-output method [J]. Problemy prognozirovaniya, 2021(1): 59-69.

[131]HOEKSTRA R, VAN DER BERGH J. Comparing structural and index decomposition analysis[J]. Energy Economics, 2003, 25(1): 39-64.

[132]SU B, ANG B W. Multi-region comparisons of emission performance: The structural decomposition analysis approach [J]. Ecological Indicators, 2016, 67: 78-87.

[133]CHENERY H B, SHISHIDO S, WATANABE T. The pattern of Japanese growth, 1914-1954[J]. Econometrica: Journal of the Econometric Society, 1962(30): 98-139.

[134]ROSE A, CHEN C-Y. Sources of change in energy use in the US economy, 1972-1982: A structural decomposition analysis [J]. Resources and Energy, 1991, 13(1): 1-21.

[135]DIETZENBACHER E, LOS B. Structural decomposition techniques: Sense and sensitivity [J]. Economic Systems Research, 1998, 10(4): 307-324.

[136]CHEN X K, GUO J E. Chinese economic structure and SDA model[J]. Systems Science and Systems Engineering, 2000, 9(2): 142-148.

[137]李景华. SDA 模型加权平均分解法及在中国第三产业经济发展分析中的应用[J]. 系统工程, 2004, 22(9): 69-73.

[138]ZHANG R. Efficiency evaluation of provincial input-output based on dea in rural China [C]//16th International Conference on Management Science and Engineering. Moscow, Russia, 2009: 963-967.

[139]SAFR K, VLTAVSKA K. The evaluation of economic impact using regional input-output model: The case study of czech regions in context of national input-output tables[C]// 14th International Scientific Conference on Economic Policy in the European Union Member Countries. Petrovice

Karvine，Czech Republic. Silesian Univ Opava，School Business Administration Karvina，2016：708-716.

[140]WANG H，ANG B W，SU B. Assessing drivers of economy-wide energy use and emissions：IDA versus SDA[J]. Energy Policy，2017，107：585-599.

[141]刘云枫，冯姝婷，葛志远. 基于结构分解分析的1980～2013年中国二氧化碳排放分析[J]. 软科学，2018，32(6)：53-57.

[142]葛阳琴，谢建国. 中国出口增速下降的驱动因素研究：基于全球价值链分工的分层结构分解分析[J]. 数量经济技术经济研究，2018，35(2)：24-43.

[143]张俊荣，汤铃，李玲，等. 基于结构分解的北京能源强度影响因素研究[J]. 系统工程理论与实践，2017，37(5)：1201-1209.

[144]WU F，HUANG N，ZHANG Q，et al. Multi-province comparison and typology of China's CO_2 emission：A spatial-temporal decomposition approach[J]. Energy，2020，190：116312.

[145]WU Y，ZHANG W. The driving factors behind coal demand in China from 1997 to 2012：An empirical study of input-output structural decomposition analysis[J]. Energy Policy，2016，95：126-134.

[146]梁赛，常玮岑，游思琪，等. 中美贸易模式变化对中国大气汞排放的影响[J]. 中国环境管理，2022，14(1)：85-92.

[147]ZHANG H R，CHEN L，TONG Y D，et al. Impacts of supply and consumption structure on the mercury emission in China：An input-output analysis based assessment[J]. Journal of Cleaner Production，2018，170(1)：96-107.

[148]吴晓慧，徐丽笑，齐剑川，等. 中国大气汞排放变化的社会经济影响因素[J]. 中国环境科学，2021，41(4)：1959-1969.

[149]SHEARER C，MATHEW-SHAH N，MYLLYVIRTA L，et al. 繁荣与衰落2019：追踪全球燃煤电厂开发[R]. 全球能源监测、绿色和平印度分部和塞拉俱乐部，2019.

[150]WEI Y，LIU G，FU B，et al. Partitioning behavior of Pb in

particulate matter emitted from circulating fluidized bed coal-fired power plant[J]. Journal of Cleaner Production, 2021, 292: 125997.

[151]GEORGE A, SHEN B, KANG D, et al. Emission control strategies of hazardous trace elements from coal-fired power plants in China[J]. Journal of Environmental Sciences, 2020, 93: 66-90.

[152]MU X W, GAO Y L. Lyapunov conditions for input-output-to-state stability of impulsive systems[J]. Mathematics in Practice and Theory, 2011, 41(15): 228-233.

[153] BOLLEN J, BRINK C. Air pollution policy in Europe: Quantifying the interaction with greenhouse gases and climate change policies[J]. Energy Economics, 2014, 46: 202-215.

[154] NAM K-M, WAUGH C J, PALTSEV S, et al. Synergy between pollution and carbon emissions control: Comparing China and the United States[J]. Energy Economics, 2014, 46: 186-201.

[155]TONG D, ZHANG Q, DAVIS S J, et al. Targeted emission reductions from global super-polluting power plant units[J]. Nature Sustainability, 2018, 1(1): 59-68.

[156]WEN Z, MENG F,CHEN M. Estimates of the potential for energy conservation and CO_2 emissions mitigation based on Asian-Pacific integrated model (AIM): The case of the iron and steel industry in China[J]. Journal of Cleaner Production, 2014, 65: 120-130.

[157]PAN X M, KRAINES S. Environmental input-output models for life-cycle analysis[J]. Environmental & Resource Economics, 2001, 20(1): 61-72.

[158]LU Z, HUANG L, LIU J, et al. Carbon dioxide mitigation co-benefit analysis of energy-related measures in the air pollution prevention and control action plan in the Jing-Jin-Ji region of China[J]. Resources, Conservation & Recycling: X, 2019, 1: 100006.

[159]李新, 路路, 穆献中, 等. 基于 LEAP 模型的京津冀地区钢铁行业中长期减排潜力分析[J]. 环境科学研究, 2019, 32(3): 365-371.

[160]HONG S，CHUNG Y，KIM J，et al. Analysis on the level of contribution to the national greenhouse gas reduction target in Korean transportation sector using LEAP model[J]. Renewable and Sustainable Energy Reviews，2016，60：549-559.

[161]REHMAN S A U，CAI Y，MIRJAT N H，et al. Energy-environment-economy nexus in Pakistan：Lessons from a pak-times model[J]. Energy Policy，2019，126：200-211.

[162] ZHANG C，HE G，JOHNSTON J，et al. Long-term transition of China's power sector under carbon neutrality target and water withdrawal constraint[J]. Journal of Cleaner Production，2021，329：129765.

[163]DING D，XING J，WANG S，et al. Optimization of a NO_x and VOC cooperative control strategy based on clean air benefits[J]. Environmental Science & Technology，2022，56(2)：739-749.

[164]TONG D，GENG G，ZHANG Q，et al. Health co-benefits of climate change mitigation depend on strategic power plant retirements and pollution controls[J]. Nature Climate Change，2021，11（12）：1077-1083.

[165] SUNDERLAND E M，SELIN N E. Future trends in environmental mercury concentrations：Implications for prevention strategies[J]. Environmental Health，2013，12(1)：1-5.

[166]SUNG J-H，OH J-S，MOJAMMAL A H M，et al. Estimation and future prediction of mercury emissions from anthropogenic sources in South Korea[J]. Journal of Chemical Engineering of Japan，2018，51（9）：800-808.

[167]KWON S Y，SELIN N E，GIANG A，et al. Present and future mercury concentrations in Chinese rice：Insights from modeling[J]. Global Biogeochemical Cycles，2018，32(3)：437-462.

[168]蒋靖坤，郝吉明，吴烨，等. 中国燃煤汞排放清单的初步建立[J]. 环境科学，2005，26(2)：34-39.

[169]TIAN H Z, LU L, HAO J M, et al. A review of key hazardous trace elements in Chinese coals：Abundance，occurrence，behavior during coal combustion and their environmental impacts[J]. Energy & Fuels, 2013，27(2)：601-614.

[170]LIU K, WANG S, WU Q, et al. A highly resolved mercury emission inventory of Chinese coal-fired power plants[J]. Environmental Science & Technology，2018，52(4)：2400-2408.

[171]ZHANG L, WANG S, WANG L, et al. Updated emission inventories for speciated atmospheric mercury from anthropogenic sources in China[J]. Environmental Science & Technology，2015，49(5)：3185-3194.

[172]中国电力企业联合会. 电力工业统计资料汇编 2005[G].

[173]中国电力企业联合会. 电力工业统计资料汇编 2014[G].

[174]中国电力企业联合会. 电力工业统计资料汇编 2018[G].

[175]中国电力企业联合会，电力工业统计资料汇编 2010[G].

[176]国家统计局能源统计司. 中国能源统计年鉴 2013[M]. 北京：中国统计出版社，2014.

[177]郦建国，朱法华，孙雪丽. 中国火电大气污染防治现状及挑战[J]. 中国电力，2018，51(6)：2-10.

[178]STREETS D G, BOND T C, CARMICHAEL G R, et al. An inventory of gaseous and primary aerosol emissions in Asia in the year 2000[J]. Journal of Geophysical Research-Atmospheres, 2003, 108(D21)：8809.

[179]DE SIMONE F, HEDGECOCK I M, CARBONE F, et al. Estimating uncertainty in global mercury emission source and deposition receptor relationships[J]. Atmosphere，2017，8(12)：810236.

[180]CINNIRELLA S, PIRRONE N. An uncertainty estimate of global mercury emissions using the Monte Carlo technique[C]//16th International Conference on Heavy Metals in the Environment (ICHMET). Rome, Italy, 2013：07006.

[181]ZHAO Y, NIELSEN C P, LEI Y, et al. Quantifying the

uncertainties of a bottom-up emission inventory of anthropogenic atmospheric pollutants in China［J］. Atmospheric Chemistry and Physics，2011，11(5)：2295-2308.

［182］ZHANG L，WANG S，MENG Y，et al. Influence of mercury and chlorine content of coal on mercury emissions from coal-fired power plants in China［J］. Environmental Science & Technology，2012，46(11)：6385-6392.

［183］WILSON S，KINDBOM K，YARAMENKA K，et al. Technical background report for the global mercury assessment 2013［R］. UNEP：Switzerland，2013.

［184］SHAN Y，GUAN D，ZHENG H，et al. China CO_2 emission accounts 1997-2015［J］. Scientific Data，2018，5：170201.

［185］SHAN Y，LIU J，LIU Z，et al. New provincial CO_2 emission inventories in China based on apparent energy consumption data and updated emission factors［J］. Applied Energy，2016，184：742-750.

［186］刘红光，韩丹，李方一，中国 2007 年 30 省区市区域间投入产出表编制理论与实践［M］. 北京：中国统计出版社，2012.

［187］刘卫东. 中国 2010 年 30 省区市区域间投入产出表编制理论与实践［M］. 北京：中国统计出版社，2014.

［188］MUNDAY M，BEYNON M J. Input-output analysis：Foundations and extensions［J］. 2nd edition. Journal of Regional Science，2011，51(1)：196-197.

［189］LENZEN M，MURRAY J，SACK F，et al. Shared producer and consumer responsibility—theory and practice［J］. Ecological Economics，2007，61(1)：27-42.

［190］SHAN Y L，GUAN D B，HUBACEK K，et al. City-level climate change mitigation in China［J］. Science Advances，2018，4(6)：1-15.

［191］CAI B F，LU J，WANG J N，et al. A benchmark city-level carbon dioxide emission inventory for China in 2005［J］. Applied Energy，2019，233：659-673.

[192]国家统计局能源统计司. 中国能源统计年鉴 2014[M]. 北京：中国统计出版社，2015.

[193]ZHAO Y，ZHONG H，ZHANG J，et al. Evaluating the effects of China's pollution controls on inter-annual trends and uncertainties of atmospheric mercury emissions[J]. Atmospheric Chemistry and Physics，2015，15(8)：4317-4337.

[194]PACYNA E G，PACYNA J M，FUDALA J，et al. Mercury emissions to the atmosphere from anthropogenic sources in Europe in 2000 and their scenarios until 2020[J]. Science of the Total Environment，2006，370(1)：147-156.

[195]PACYNA E G，PACYNA J M，SUNDSETH K，et al. Global emission of mercury to the atmosphere from anthropogenic sources in 2005 and projections to 2020[J]. Atmospheric Environment，2010，44(20)：2487-2499.

[196]NAVRATIL T，VYTOPILOVA M，VLCKOVA S，et al. Mercury and its future in the Czech Republic[C]// 36th International Conference on Modern Electrochemical Methods (MEM). Jetrichovice，Czech Republic，2016：143-147.

[197]YU S，HORING J，LIU Q，et al. CCUS in China's mitigation strategy：Insights from integrated assessment modeling[J]. International Journal of Greenhouse Gas Control，2019，84：204-218.

[198]SUPEKAR S D，SKERLOS S J. Reassessing the efficiency penalty from carbon capture in coal-fired power plants[J]. Environmental Science & Technology，2015，49(20)：12576-12584.

[199]高华. 全球碳捕捉与封存(CCS)技术现状及应用前景[J]. 煤炭经济研究，2020，40(5)：33-38.

[200]郭韵，黄志强. 碳捕捉与封存技术的发展前景与挑战[J]. 化工进展，2012，31(S1)：145-146.

[201]PUDASAINEE D，KIM J H，YOON Y S，et al. Oxidation，reemission and mass distribution of mercury in bituminous coal-fired

power plants with SCR，CS-ESP and WET-FGD［J］. Fuel，2012，93(1)：312-318.

［202］PUDASAINEE D，SEO Y C，SUNG J H，et al. Mercury co-beneficial capture in air pollution control devices of coal-fired power plants［J］. International Journal of Coal Geology，2017，170：48-53.

［203］张小丽，崔学勤，王克，等. 中国煤电锁定碳排放及其对减排目标的影响［J］. 中国人口·资源与环境，2020，30(8)：31-41.

［204］CUI R，HULTMAN N，CUI D Y，et al. A plant-by-plant strategy for high-ambition coal power phaseout in China［J］. Nature Communications，2021，12(1)：1-10.

附　录

附录 1　相关数据表格

附表 1.1　中国各省份生产的煤炭中 12 种重金属的含量　　单位:g/t

省份	Hg	As	Se	Pb	Cd	Cr	Ni	Sb	Mn	Co	Cu	Zn
安徽	0.43	2.89	7.54	13.24	0.11	31.25	19.57	0.25	27.69	12.12	36.21	26.17
北京	—	—	—	—	—	—	—	—	45.80	8.91	27.37	49.54
重庆	0.31	5.66	3.69	30.44	1.22	28.44	20.90	1.71	66.65	13.38	42.57	23.41
福建	0.07	9.93	1.22	25.53	0.31	30.48	16.42	0.38	134.28	7.55	38.48	174.75
甘肃	0.27	4.14	0.51	8.35	0.08	23.70	19.30	0.70	671.32	7.05	7.25	30.35
广东	0.07	8.30	0.60	24.40	0.25	74.00	24.90	—	—	—	—	—
广西	0.33	16.94	5.03	29.94	0.41	116.41	22.48	5.55	52.49	7.05	25.79	56.88
贵州	0.39	6.68	3.82	23.81	0.79	28.47	22.87	6.01	152.62	11.91	55.05	56.97
海南	—	—	—	—	—	—	—	—	—	—	—	—
河北	0.15	4.88	2.31	29.30	0.23	32.52	14.61	0.41	45.80	6.80	27.37	49.54
黑龙江	0.12	3.42	0.90	22.15	0.13	15.48	10.49	0.79	219.80	12.42	15.62	27.20
河南	0.20	2.20	4.86	16.78	0.54	24.94	11.84	0.37	101.39	5.93	40.86	31.93
湖北	0.20	5.30	8.76	47.39	0.36	40.52	18.61	1.17	49.53	8.91	33.89	63.46
湖南	0.12	10.59	3.72	26.29	0.64	37.03	13.25	1.54	266.01	6.15	25.79	60.35
内蒙古	0.22	5.77	1.10	26.67	0.10	13.02	6.35	0.70	149.43	4.08	18.63	43.18
江苏	0.69	2.74	6.11	20.98	0.06	19.82	15.48	0.55	95.95	11.21	48.95	18.07
江西	0.16	7.41	8.39	19.33	0.56	39.75	22.66	1.83	79.59	5.48	21.13	92.12

省份	Hg	As	Se	Pb	Cd	Cr	Ni	Sb	Mn	Co	Cu	Zn
吉林	0.40	11.57	4.06	29.00	0.15	23.09	15.34	1.02	84.39	10.91	28.17	79.71
辽宁	0.17	5.51	0.85	19.68	0.16	26.24	24.13	0.81	120.56	13.59	30.38	70.71
宁夏	0.22	3.65	4.27	14.05	1.10	10.63	10.95	0.27	48.49	7.29	4.52	21.60
青海	0.25	2.68	0.30	10.72	0.03	30.82	12.20	0.91	84.54	2.85	15.71	30.89
陕西	0.21	3.87	3.43	35.17	0.75	32.73	18.86	2.95	398.87	8.65	31.93	114.64
山东	0.18	5.23	3.66	16.64	0.39	20.62	23.77	0.47	87.06	5.89	34.78	16.38
上海	—	—	—	—	—	—	—	—	—	—	—	—
山西	0.17	3.84	3.85	26.23	0.75	21.57	15.41	1.13	80.90	4.82	27.89	65.05
四川	0.29	5.38	3.31	28.29	1.95	33.00	19.28	1.80	121.37	9.39	33.52	45.65
天津	—	—	—	—	—	—	—	—	—	—	—	—
新疆	0.06	2.97	0.24	2.68	0.12	7.83	8.26	0.67	52.18	6.63	6.58	16.55
云南	0.36	8.82	1.48	42.54	0.80	73.62	24.32	0.97	51.41	11.84	59.38	59.11
浙江	0.65	12.04	12.02	17.25	0.47	24.20	9.95	0.73	32.71	4.64	93.28	14.81

附表 1.2 不同污控设备组合下大气汞排放的形态分布

单位:%

污控设备组合	汞形态分布		
	Hg^0	Hg^{2+}	Hg_p
无	56.0	34.0	10.0
ESP	58.0	41.0	1.3
FF	50.0	49.0	0.5
WET	65.0	33.0	2.0
ESP＋WFGD	81.9	17.7	0.4
FF＋WFGD	81.1	17.5	1.4
SCR＋ESP＋WFGD	77.9	21.9	0.2
SCR＋FF＋WFGD	34.5	62.2	3.3
ESP-FF＋WFGD	87.3	12.0	0.7
NID＋ESP	0.1	81.0	17.9
SCR＋ESP＋SW-FGD	51.2	47.9	0.9

注:表中 Hg^0 为零价汞,Hg^{2+} 为二价汞,Hg_p 为颗粒态汞。

附表 1.3　能源活动数据的部门划分与中国多区域投入产出表部门之间的对应关系

代码	投入产出表的部门划分	代码	能源活动数据的部门划分
1	农业	1	农业、林业、畜牧业、渔业和水利
2	煤矿开采	2	煤炭开采与选矿
3	石油和天然气	3	石油和天然气开采
4	金属采矿	4	黑色金属开采和选矿
5	非金属矿物	5	有色金属采选
		6	非金属矿产开采和选矿
		7	其他矿产开采和选矿
6	食品和烟草	8	食品加工
		9	粮食生产
		10	饮料生产
		11	烟草加工
7	纺织品	12	纺织工业
8	衣服	13	服装和其他纤维制品
9	木材加工和家具	14	皮革、毛皮、羽绒及相关产品
		15	木材加工、竹子、甘蔗、棕榈和稻草制品
		16	木材和竹子的采伐和运输
		17	家具制造
10	造纸和印刷	18	造纸和纸制品
		19	印刷和记录媒介复制
		20	文化、教育和体育用品
11	矿物燃料精炼	21	石油加工和炼焦
12	化学制品	22	化工原料及化工产品
		23	化学纤维
13	非金属矿产品	24	非金属矿产品
14	金属	25	黑色金属的冶炼和压制
		26	有色金属的冶炼和压制

代码	投入产出表的部门划分	代码	能源活动数据的部门划分
15	金属制品	27	金属制品
16	通用和专用设备	28	普通机械
		29	专用设备
17	运输设备	30	运输设备
18	电气设备	31	电气设备和机械
19	电子设备	32	电子和电信设备
20	精细化仪器	33	仪器、仪表和办公机械
21	其他制造产品	34	医药产品
		35	橡胶制品
		36	塑料制品
		37	其他制造业
22	电力和热力	38	电力、蒸汽和热水的生产和供应
23	燃气和水	39	天然气生产和供应
		40	自来水生产和供应
24	建设	41	建设业
25	运输和仓储	42	运输、仓储、邮政和电信服务
26	批发和零售	43	批发、零售业和餐饮服务
27	酒店和餐饮服务		
28	租赁和商业服务	44	废料和废物
29	科学研究		
30	其他服务	45	其他服务业

附表 1.4　中国省级大气汞排放的不确定度

省份	年份		
	2007	2010	2012
北京	（−33.22％,34.38％）	（−33.47％,33.74％）	（−33.25％,34.38％）
天津	（−32.65％,32.95％）	（−32.90％,33.70％）	（−32.89％,33.37％）
河北	（−32.49％,33.01％）	（−32.71％,32.78％）	（−32.67％,33.35％）
山西	（−32.46％,32.85％）	（−33.08％,33.54％）	（−32.84％,33.36％）
内蒙古	（−32.84％,33.09％）	（−33.58％,32.98％）	（−32.89％,33.97％）
辽宁	（−32.77％,32.70％）	（−32.95％,32.09％）	（−32.77％,33.02％）
吉林	（−32.73％,33.09％）	（−32.82％,33.02％）	（−33.01％,33.28％）
黑龙江	（−33.05％,33.08％）	（−31.74％,32.73％）	（−33.41％,33.87％）
上海	（−31.93％,33.31％）	（−32.27％,32.21％）	（−32.71％,32.99％）
江苏	（−32.33％,32.34％）	（−32.61％,33.51％）	（−32.39％,33.15％）
浙江	（−32.59％,32.95％）	（−32.38％,32.20％）	（−32.36％,32.38％）
安徽	（−32.37％,32.74％）	（−32.02％,32.12％）	（−32.54％,32.29％）
福建	（−33.04％,33.21％）	（−32.78％,32.67％）	（−32.76％,32.52％）
江西	（−32.45％,32.80％）	（−32.54％,32.52％）	（−32.29％,32.90％）
山东	（−32.75％,32.82％）	（−33.15％,33.17％）	（−32.85％,33.90％）
河南	（−32.72％,32.46％）	（−32.92％,33.21％）	（−32.59％,33.31％）
湖北	（−32.11％,33.25％）	（−33.06％,33.09％）	（−33.12％,33.86％）
湖南	（−33.25％,33.65％）	（−32.91％,33.21％）	（−33.52％,33.94％）
广东	（−32.72％,33.26％）	（−32.34％,33.76％）	（−32.89％,33.12％）

续表

省份	年份		
	2007	2010	2012
广西	（－32.71％,33.15％）	（－32.56％,32.45％）	（－32.85％,33.05％）
海南	（－32.02％,32.99％）	（－32.61％,33.21％）	（－32.24％,33.40％）
重庆	（－33.00％,33.74％）	（－33.02％,33.32％）	（－33.33％,33.72％）
四川	（－32.72％,33.44％）	（－32.50％,33.40％）	（－32.37％,33.14％）
贵州	（－32.45％,33.33％）	（－33.12％,33.10％）	（－33.20％,33.71％）
云南	（－32.46％,32.95％）	（－32.76％,32.56％）	（－32.58％,33.46％）
陕西	（－32.74％,32.84％）	（－32.98％,33.92％）	（－33.06％,33.28％）
甘肃	（－32.60％,33.30％）	（－33.19％,32.98％）	（－32.73％,33.58％）
青海	（－32.80％,33.07％）	（－33.22％,33.27％）	（－33.17％,33.92％）
宁夏	（－32.91％,32.34％）	（－33.54％,33.65％）	（－33.43％,32.93％）
新疆	（－32.32％,33.24％）	（－33.01％,33.51％）	（－32.90％,33.01％）

附表 1.5　50 个城市的具体分类结果

城市所在省份	城市	分类依据		
		能源结构	人口数量	产业结构
安徽	芜湖	煤炭依赖型城市	大型城市	工业型城市
	铜陵	煤炭重度依赖型城市	小型城市	工业型城市
北京	北京	其他城市	特大城市	服务型城市
重庆	重庆	煤炭依赖型城市	特大城市	其他类型城市
福建	福州	其他城市	大型城市	其他类型城市
	龙岩	煤炭重度依赖型城市	大型城市	工业型城市

城市所在省份	城市	分类依据		
		能源结构	人口数量	产业结构
甘肃	兰州	其他城市	大型城市	服务型城市
	白银	煤炭重度依赖型城市	小型城市	其他类型城市
广东	广州	煤炭依赖型城市	特大城市	服务型城市
	深圳	煤炭依赖型城市	特大城市	服务型城市
	江门	煤炭依赖型城市	大型城市	其他类型城市
广西	柳州	煤炭依赖型城市	大型城市	工业型城市
贵州	贵阳	煤炭重度依赖型城市	大型城市	服务型城市
河北	石家庄	煤炭重度依赖型城市	特大城市	其他类型城市
	张家口	煤炭重度依赖型城市	大型城市	其他类型城市
黑龙江	哈尔滨	煤炭依赖型城市	特大城市	服务型城市
	齐齐哈尔	煤炭重度依赖型城市	特大城市	其他类型城市
	大庆	其他城市	小型城市	工业型城市
	佳木斯	煤炭重度依赖型城市	小型城市	其他类型城市
河南	郑州	煤炭重度依赖型城市	特大城市	其他类型城市
	焦作	煤炭重度依赖型城市	大型城市	工业型城市
湖北	武汉	其他城市	特大城市	服务型城市
	黄石	煤炭重度依赖型城市	小型城市	工业型城市
湖南	长沙	其他城市	特大城市	工业型城市
	岳阳	其他城市	特大城市	工业型城市
内蒙古	呼和浩特	煤炭重度依赖型城市	小型城市	服务型城市
江苏	南京	其他城市	特大城市	服务型城市
	无锡	煤炭依赖型城市	大型城市	其他类型城市
	盐城	煤炭重度依赖型城市	特大城市	其他类型城市

城市所在省份	城市	分类依据		
		能源结构	人口数量	产业结构
江西	南昌	煤炭依赖型城市	特大城市	工业型城市
	新余	煤炭依赖型城市	小型城市	工业型城市
吉林	长春	煤炭重度依赖型城市	特大城市	工业型城市
	辽源	煤炭依赖型城市	小型城市	工业型城市
辽宁	沈阳	煤炭依赖型城市	特大城市	其他类型城市
	大连	其他城市	特大城市	服务型城市
宁夏	银川	煤炭重度依赖型城市	小型城市	工业型城市
青海	西宁	煤炭重度依赖型城市	小型城市	其他类型城市
陕西	西安	煤炭依赖型城市	特大城市	服务型城市
	榆林	煤炭重度依赖型城市	大型城市	其他类型城市
山东	济南	其他城市	特大城市	服务型城市
	青岛	其他城市	特大城市	服务型城市
	淄博	其他城市	大型城市	工业型城市
	临沂	煤炭重度依赖型城市	特大城市	其他类型城市
上海	上海	其他城市	特大城市	服务型城市
山西	忻州	煤炭重度依赖型城市	大型城市	其他类型城市
四川	成都	其他城市	特大城市	服务型城市
天津	天津	其他城市	特大城市	服务型城市
新疆	乌鲁木齐	煤炭依赖型城市	小型城市	服务型城市
浙江	杭州	煤炭依赖型城市	特大城市	服务型城市
	湖州	煤炭重度依赖型城市	小型城市	其他类型城市

附表 1.6　不同部门的燃煤锅炉类型

代码	燃煤锅炉类别	部门
1		煤炭开采与选矿
2		石油和天然气开采
3		黑色金属开采和选矿
4		有色金属采选
5		非金属矿产开采和选矿
6		其他矿产开采和选矿
7		木材和竹子的采伐和运输
8		食品加工
9		粮食生产
10		饮料生产
11		烟草加工
12		纺织工业
13	工业燃煤锅炉	服装和其他纤维制品
14		皮革、毛皮、羽绒及相关产品
15		木材加工、竹子、甘蔗、棕榈和稻草制品
16		家具制造
17		造纸和纸制品
18		印刷和记录媒介复制
19		文化、教育和体育用品
20		石油加工和炼焦
21		化工原料及化工产品
22		医药产品
23		化学纤维
24		橡胶制品
25		塑料制品

代码	燃煤锅炉类别	部门
26	工业燃煤锅炉	非金属矿产品
27		黑色金属的冶炼和压制
28		有色金属的冶炼和压制
29		金属制品
30		普通机械
31		专用设备
32		运输设备
33		电气设备和机械
34		电子和电信设备
35		仪器、仪表和办公机械
36		其他制造业
37		废料和废物
38		天然气生产和供应
39		自来水生产和供应
40	居民用煤锅炉	城市居民用煤
41		乡村居民用煤
42	其他燃煤锅炉	其他服务业
43		农业、林业、畜牧业、渔业和水利
44		建设业
45		运输、仓储、邮政和电信服务
46		批发、零售业和餐饮服务
47	燃煤电厂锅炉	电力、热力与蒸汽供应业

附表 1.7　2015 年 50 个代表性城市的基础经济数据

省份	城市	第一产业占 GDP 比重/%	第二产业占 GDP 比重/%	第三产业占 GDP 比重/%	GDP/亿元	人口/ 万人
安徽	芜湖	4.88	57.19	37.92	23 095 488	384.79
	铜陵	5.18	61.75	33.07	7 163 100	73.80
北京	北京	0.61	19.74	79.65	213 308 300	1 345.20
重庆	重庆	7.32	44.98	47.70	142 626 000	3371.84
福建	福州	7.74	43.60	48.66	51 691 647	678.36
	龙岩	11.54	52.62	35.84	16 212 107	309.38
甘肃	兰州	2.68	37.34	59.98	20 009 389	321.90
	白银	13.59	44.73	41.68	4 476 423	180.76
广东	广州	1.25	31.64	67.11	167 068 719	854.19
	深圳	0.04	41.18	58.78	160 018 207	330.21
	江门	7.79	48.42	43.79	20 827 636	391.41
广西	柳州	7.33	56.56	36.11	22 085 074	381.62
贵州	贵阳	4.49	38.34	57.17	24 972 691	391.79
河北	石家庄	9.09	45.08	45.84	51 702 653	1 028.84
	张家口	17.87	40.01	42.12	13 489 726	469.01
黑龙江	哈尔滨	11.69	32.39	55.92	53 400 715	961.37
	齐齐哈尔	24.13	31.04	44.83	12 093 360	549.39
	大庆	6.53	64.88	28.59	40 775 057	275.48
	佳木斯	33.07	22.01	44.92	7 659 799	237.55
河南	郑州	2.06	49.29	48.64	67 769 890	810.49
	焦作	7.12	59.76	33.13	18 443 139	371.68
湖北	武汉	3.30	45.68	51.02	100 694 800	398.18
	黄石	8.84	55.36	35.80	12 185 600	267.97

续表

省份	城市	第一产业占GDP 比重/%	第二产业占GDP 比重/%	第三产业占GDP 比重/%	GDP/亿元	人口/万人
湖南	长沙	4.02	50.92	45.06	78 248 074	680.36
	岳阳	10.99	50.13	38.88	26 693 384	564.39
内蒙古	呼和浩特	4.08	28.06	67.86	28 940 500	238.58
江苏	南京	2.39	40.29	57.32	88 207 500	653.40
	无锡	1.62	49.28	49.11	82 053 100	480.90
	盐城	12.26	45.66	42.08	38 356 200	828.03
江西	南昌	4.28	54.50	41.22	36 679 635	520.38
	新余	5.91	55.76	38.33	9 002 683	123.52
吉林	长春	6.21	50.11	43.69	53 424 262	753.83
	辽源	8.38	57.43	34.19	6 903 093	120.80
辽宁	沈阳	4.69	47.77	47.53	70 987 051	730.41
	大连	5.86	43.31	50.83	76 555 761	593.56
宁夏	银川	3.92	52.27	43.81	13 886 244	179.23
青海	西宁	3.31	48.03	48.66	10 657 811	201.17
陕西	西安	3.80	36.65	59.55	54 926 400	815.66
	榆林	17.90	43.97	38.13	13 417 462	377.46
山东	济南	5.01	37.82	57.18	57 705 966	625.73
	青岛	3.91	43.29	52.79	86 921 000	783.09
	淄博	3.51	53.96	42.53	40 297 668	429.60
	临沂	9.21	44.83	45.96	35 698 000	1 124.04
上海	上海	0.44	31.81	67.76	235 677 000	1 442.97
山西	忻州	9.35	44.70	45.95	6 803 394	306.52
四川	成都	3.45	43.73	52.81	100 565 926	1 228.05
天津	天津	1.26	46.58	52.15	157 269 300	1 026.90

省份	城市	第一产业占GDP 比重/%	第二产业占GDP 比重/%	第三产业占GDP 比重/%	GDP/亿元	人口/万人
新疆	乌鲁木齐	1.20	29.92	68.88	24 614 698	266.83
浙江	杭州	2.87	38.89	58.24	92 061 633	723.55
	湖州	5.87	49.26	44.87	19 559 985	263.71

附表 1.8 中国大气污染物相关政策及其中对重金属有协同控制效果的条款

名称	颁布时间	相关内容
《火电厂大气污染物排放标准》(GB 13223—2011)	2011 年	首次将汞及其化合物作为污染物进行了限值规定
《大气污染防治行动计划》	2013 年	要求全面整治燃煤小锅炉,并且要求加快重点行业脱硫、脱硝、除尘改造工程建设
《重点区域大气污染防治"十二五"规划》	2012 年	建立了区域大气污染联防联控机制
《煤电节能减排升级与改造行动计划(2014—2020 年)》(发改能源〔2014〕2093 号)	2014 年	到 2020 年,现役燃煤发电机组改造后平均供电煤耗低于 310 g/(kW·h)。力争使煤炭占一次能源消费比重下降到 62% 以内,电煤占煤炭消费比重提高到 60% 以上
《全面实施燃煤电厂超低排放和节能改造工作方案》(环发〔2015〕164 号)	2015 年	全面实施燃煤电厂超低排放和节能改造
《中华人民共和国大气污染防治法》	2018 年	要求燃煤电厂配套建设除尘、脱硫、脱硝等装置,或采取技术改造等其他控制大气污染物排放的措施

续表

名称	颁布时间	相关内容
《关于加强涉重金属行业污染防控的意见》	2018 年	到 2020 年,全国重点行业的重点重金属污染物排放量比 2013 年下降 10%
《打赢蓝天保卫战三年行动计划》	2018 年	到 2020 年,全国煤炭占能源消费总量比重下降到 58% 以下,在重点区域继续实施煤炭消费总量控制,开展燃煤锅炉综合整治
《中共中央 国务院关于深入打好污染防治攻坚战的意见》	2021 年	到 2025 年,地级及以上城市细颗粒物($PM_{2.5}$)浓度下降 10%
《关于进一步加强重金属污染防控的意见》	2022 年	到 2025 年,全国重点行业重点重金属污染物排放量比 2020 年下降 5% 以上;到 2035 年,重金属环境风险得到有效管控

附录 2 生产视角下清单编制和不确定性核心 MATLAB 代码

```
clear all
clc
% 读取数据
Adata = load('ActivityCFPPs_data.txt');      % 燃煤电厂的能源活动
数据
AM_pro = load('Heavymentalcontent_pro.txt');       % 生产煤炭中
的重金属含量
coal_inter = load('coalresidential_inter.txt'); % 省际的煤炭运输
矩阵
f = load('fCFPPs_pre.txt');        % 洗煤比重
w = load('wCFPPs_pre.txt');        % 洗煤对重金属的脱除效率
R = load('RCFPPs.txt')0.99;        %特定锅炉对重金属的释放率
P = load('PCFPPs_APCD.txt');       % 不同污控设备组合的比重
n = load('nCFPPs_APCD.txt');       % 某类型污控设备组合的重金属
脱除率的概率分布
% 结果计算
 M_con_avg = zeros(size(Adata,1), 1);
 Emis_avg= zeros(size(Adata,1), 4);
 % 计算消费煤炭中的重金属含量
  for i=1:size(Adata,1)   % 省份数量
   if i==172      % 去除西藏
     M_con_avg(i,1) = 0;
   else
     M_con_avg(i,1) = sum(coal_inter(i,:)'.* AM_pro(:,1))/
sum(coal_inter(i,:));
```

```
    end
  end
  pn(:,i)=1－P(i,:)'.＊n(:,1)./10000;
Emis_avg(:,1) = Adata.＊ M_con_avg .＊ (1 － f.＊w).＊ R.＊ (1 －
P＊n(:,1)./10000);


％ 蒙特卡罗模拟计算 10 000 次
MC_num = 10000;
M_pro = zeros(size(AM_pro,1), 1);
M_con = zeros(size(Adata,1), 1);
Emis = zeros(size(Adata,1), MC_num);
Emis_save = zeros(size(Adata,1), 3);
for num＝1:MC_num
    num
    A = unifrnd(Adata＊0.9,Adata＊1.1);    ％ 活动水平数据符合均
匀分布,而生产煤炭中的重金属浓度符合对数正态分布
    for i＝1:size(AM_pro,1)
      if AM_pro(i,1) == 0
        M_pro(i,1) = 0;
      else
        x = log((AM_pro(i,1)^2)/sqrt(AM_pro(i,2)^2＋AM_pro(i,
1)^2));
        y = sqrt(log(AM_pro(i,2)^2/(AM_pro(i,1)^2)＋1));
        M_pro(i,1) = lognrnd(x,y);
      end
    end


    for i＝1:size(Adata,1)
      if i==172
```

```
        M_con(i,1) = 0;
    else
        M_con(i,1) = sum(coal_inter(i,:)'. * M_pro)/sum(coal_
inter(i,:));
    end
  end
        nt(1:3,1) = wblrnd(n(1:3,1),n(1:3,2));
    nt(4:size(P,2),1) = normrnd(n(4:size(P,2),1),n(4:size(P,2),
2));
    Emis(:,num) = A. * M_con. * (1 − f(:,1). * w). * R. * (1 − P *
nt./10000); % 计算排放量
end

for i=1:size(Adata,1)
    Emis_save(i,1) = prctile(Emis(i,:),10)./100;
    Emis_save(i,2) = Emis_avg(i,1)./100;
    Emis_save(i,3) = prctile(Emis(i,:),90)./100;
end
save('Emis_save.txt','Emis_save',' −ascii');
```

附录3 结构分解分析核心 MATLAB 代码

```
Deflator=xlsread('Price-deflator.xlsx','30 sector','M70:R99');
%价格指数
Z=zeros(900,900,3);
A=zeros(900,900,3);
F=zeros(900,3);
h=zeros(900,3);
X=zeros(900,3);
Ex=zeros(900,3);

China2007=xlsread('2007.xlsx');    % 导入 2007 年数据
China2010=xlsread('2010.xlsx');    %导入 2010 年数据

for i=1:30
    for j=1:30
        China2007new((i-1)*30+j,:)=China2007((i-1)*30+
j,:)*Deflator(j,1);
        China2010new((i-1)*30+j,:)=China2010((i-1)*30+
j,:)*Deflator(j,4);
    end
end

Z(:,:,1)=China2007new(1:900,1:900);
F2007=China2007new(1:900,900+1:900+30*5);
F(:,1)=sum(F2007,2);
X(:,1)=sum(F2007,2)+sum(Z(:,:,1),2)+China2007new(1:
900,900+150+1);
```

```
Ex(:,1)=China2007new(1:900,900+60+1);


Z(:,:,2)=China2010new(1:900,1:900);
F2010=China2010new(1:900,900+1:900+30*2);
F(:,2)=sum(F2010,2);
X(:,2)=sum(F2010,2)+sum(Z(:,:,2),2)+China2010new(1:900,
900+60+1);
Ex(:,2)=China2010new(1:900,900+60+1);


Z(:,:,3)=xlsread('2012.xlsx',1,'E7:AHT906');
F2012=xlsread('2012.xlsx',1,'AHV7:ANO906');
F(:,3)=sum(F2012,2);
Ex(:,3)=xlsread('2012.xlsx',1,'ANP7:ANP906');
X(:,3)=sum(F2012,2)+sum(Z(:,:,3),2)+Ex(:,3);%


POP=xlsread('pop.xlsx',1,'A1:C30');
pop=zeros(30,3);
pop(:,1)=POP(:,1);%
pop(:,2)=POP(:,2);
pop(:,3)=POP(:,3);


load(['Energy_and_carbon_30_provinces.mat'],'-mat');
energy=zeros(900,2,3);
energy(:,:,1)=Energy2007(:,1:2);
energy(:,:,2)=Energy2010(:,1:2);
energy(:,:,3)=Energy2012(:,1:2);


emission=zeros(900,2,3);
emission(:,:,1)=xlsread('emissions.xlsx',2,'B2:C901');
```

```
emission(:,:,2)=xlsread('emissions.xlsx',2,'E2:F901');
emission(:,:,3)=xlsread('emissions.xlsx',2,'H2:I901');

emissions=zeros(900,3);
emissions(:,1)=sum(emission(:,:,1),2);
emissions(:,2)=sum(emission(:,:,2),2);
emissions(:,3)=sum(emission(:,:,3),2);
sum(sum(emission))

F2007_21=zeros(900,30);
F2010_22=zeros(900,30);
F2012_23=zeros(900,30);
for i=1:30
    F2007_21(:,i)=sum(F2007(:,(i-1)*5+1:i*5),2);
    F2010_22(:,i)=sum(F2010(:,(i-1)*2+1:i*2),2);
    F2012_23(:,i)=sum(F2012(:,(i-1)*5+1:i*5),2);
end
a1=F2007_21;
a2=F2010_22;
a3=F2012_23;

b1=China2007new(1:900,1051);
b2=China2010new(1:900,961);
b3=Ex(:,3);

F2007_2=[a1 b1];
F2010_2=[a2 b2];
F2012_2=[a3 b3];
```

```
F=zeros(900,31,3);
F(:,:,1)=F2007_2;
F(:,:,2)=F2010_2;
F(:,:,3)=F2012_2;

for i=1:900
    for j=1:900
        for k=1:3
            A(i,j,k)=Z(i,j,k)/X(j,k);
            h(j,k)=emissions(j,k)/X(j,k);
        end
    end
end

A(isnan(A))=0;
h(isnan(h))=0;
h(isinf(h))=0;

L=zeros(900,900,3);
L(:,:,1)=pinv(diag(ones(900,1))-A(:,:,1));
L(:,:,2)=pinv(diag(ones(900,1))-A(:,:,2));
L(:,:,3)=pinv(diag(ones(900,1))-A(:,:,3));

Q=zeros(30,3);
Fsum=sum(F,1);
for i=1:30
    for j=1:3
        Q(i,j)=Fsum(1,i,j)./pop(i,j);
    end
```

```
end

S＝zeros(900,31,3);
for i＝1:30
    for j＝1:30
        S((i－1)＊30＋j,:,:)＝F((i－1)＊30＋j,:,:)./Fsum(1,:,:);
    end
end


Flow＝zeros(900,31,3);
for i＝1:3
    Flow(:,:,i)＝diag(h(:,i))＊(L(:,:,i))＊(F(:,:,i));
end


Flow_sum＝zeros(30,31,3);
for i＝1:30
    for j＝1:3
        Flow_sum(i,:,j)＝sum(Flow((i－1)＊30＋1:i＊30,:,j),1);
    end
end
Flow_sum(:,:,1);
sum(sum(Flow_sum))


%拆分最终消费矩阵
dh＝zeros(900,2);
dL＝zeros(900,900,2);
dS＝zeros(900,31,2);
dQ＝zeros(30,2);
dpop＝zeros(30,2);
```

```
for i=1:2
    dh(:,i)=h(:,i+1)-h(:,i);
    dL(:,:,i)=L(:,:,i+1)-L(:,:,i);
    dS(:,:,i)=S(:,:,i+1)-S(:,:,i);
    dQ(:,i)=Q(:,i+1)-Q(:,i);
dpop(:,i)=pop(:,i+1)-pop(:,i);
end


%拆分排放强度
for i=1:2
    ddh1(:,:,i) = diag(dh(:,i)) * L(:,:,i) * F(:,:,i);
    ddh2(:,:,i) = diag(dh(:,i)) * L(:,:,i+1) * F(:,:,i+1);
end


sum(sum(ddh1(:,:,1))) %
sum(sum(ddh2(:,:,1))) %


O=zeros(900,2,3);
T=zeros(900,3);


  Energy_sum=sum(energy,2);
for i=1:900
    for j=1:2
        for k=1:3
            O(i,j,k)=emission(i,j,k)/energy(i,j,k);
            T(i,k)=Energy_sum(i,1,k)/X(i,k);
        end
    end
end
```

```
O(isnan(O))＝0；
O(isinf(O))＝0；
T(isnan(T))＝0；
T(isinf(T))＝0；

M＝zeros(900,2,3)；
for i＝1:900
    for j＝1:2
        for k＝1:3
            M(i,j,k)＝energy(i,j,k)/Energy_sum(i,1,k)；
        end
    end
end
M(isnan(M))＝0；
M(isinf(M))＝0；

for i＝1:900
    for j＝1:2
        for k＝1:3
            hh(i,j,k)＝ O(i,j,k) * T(i,k) * M(i,j,k)；
        end
    end
end

h1＝zeros(900,3)；
for i＝1:900
    for j＝1:3
        h1(i,j)＝sum(hh(i,:,j),2)；
    end
```

```
end

dO=zeros(900,2,2);
dT=zeros(900,2);
dM=zeros(900,2,2);
for i=1:2
    dO(:,:,i)=O(:,:,i+1)-O(:,:,i);
    dT(:,i)=T(:,i+1)-T(:,i);
    dM(:,:,i)=M(:,:,i+1)-M(:,:,i);
end

tmp1=zeros(900,2,3);
tmp2=zeros(900,2,3);
for i=1:900
    for j=1:2
        for k=1:2
                tmp1(i,j,k)=dO(i,j,k)*M(i,j,k)*T(i,k);
                tmp2(i,j,k)=dO(i,j,k)*M(i,j,k+1)*T(i,k+1);
        end
    end
end

tmp3=zeros(900,3);
tmp4=zeros(900,3);
for i=1:900
    for j=1:3
        tmp3(i,j)=sum(tmp1(i,:,j),2);
        tmp4(i,j)=sum(tmp2(i,:,j),2);
    end
```

```
end
ddO1=zeros(900,31,2);
ddO2=zeros(900,31,2);
for i=1:2
    ddO1(:,:,i)= diag(tmp3(:,i)) * L(:,:,i) * F(:,:,i);
    ddO2(:,:,i)= diag(tmp4(:,i)) * L(:,:,i+1) * F(:,:,i+1);
end

tmp1=zeros(900,2,2);
tmp2=zeros(900,2,2);
for i=1:900
    for j=1:2
        for k=1:2
            tmp1(i,j,k)=O(i,j,k+1) * dM(i,j,k) * T(i,k);
            tmp2(i,j,k)=O(i,j,k) * dM(i,j,k) * T(i,k+1);
        end
    end
end
tmp3=zeros(900,2);
tmp4=zeros(900,2);
for i=1:900
    for j=1:2
        tmp3(i,j)=sum(tmp1(i,:,j),2);
        tmp4(i,j)=sum(tmp2(i,:,j),2);
    end
end
ddM1=zeros(900,31,2);
ddM2=zeros(900,31,2);
for i=1:2
```

```
    ddM1(:,:,i) = diag(tmp3(:,i)) * L(:,:,i) * F(:,:,i);
    ddM2(:,:,i) = diag(tmp4(:,i)) * L(:,:,i+1) * F(:,:,i+1);
end

tmp1 = zeros(900,2,2);
tmp2 = zeros(900,2,2);
for i = 1:900
    for j = 1:2
        for k = 1:2
            tmp1(i,j,k) = O(i,j,k+1) * M(i,j,k+1) * dT(i,k);
            tmp2(i,j,k) = O(i,j,k) * M(i,j,k) * dT(i,k);
        end
    end
end
tmp3 = zeros(900,2);
tmp4 = zeros(900,2);
for i = 1:900
    for j = 1:2
        tmp3(i,j) = sum(tmp1(i,:,j),2);
        tmp4(i,j) = sum(tmp2(i,:,j),2);
    end
end
ddT1 = zeros(900,31,2);
ddT2 = zeros(900,31,2);
for i = 1:2
        ddT1(:,:,i) = diag(tmp3(:,i)) * L(:,:,i) * F(:,:,i);
        ddT2(:,:,i) = diag(tmp4(:,i)) * L(:,:,i+1) * F(:,:,i+1);
end
```

```
sum(sum(sum(ddO1(:,:,1)))) + sum(sum(sum(ddT1(:,:,1)))) +
sum(sum(sum(ddM1(:,:,1))))
sum(sum(sum(ddO2(:,:,1)))) + sum(sum(sum(ddT2(:,:,1)))) +
sum(sum(sum(ddM2(:,:,1))))

for i=1:2
    ddL1(:,:,i) = diag(h(:,i+1)) * dL(:,:,i) * F(:,:,i);
    ddL2(:,:,i) = diag(h(:,i)) * dL(:,:,i) * F(:,:,i+1);
end


sum(sum(ddL1(:,:)))
sum(sum(ddL2(:,:)))


tmp1=zeros(900,31,2);
tmp2=zeros(900,31,2);
for i=1:30
    for j=1:30
        for k=1:2
            for hhhh=1:31
                tmp1((i-1) * 30+j,hhhh,k) = dS((i-1) * 30+j,
hhhh,k) * Fsum(1,hhhh,k);
                tmp2((i-1) * 30+j,hhhh,k) = dS((i-1) * 30+j,
hhhh,k) * Fsum(1,hhhh,k+1);
            end
        end
    end
end


for i=1:2
```

```
    ddS1(:,:,i)= diag(h(:,i+1)) * L(:,:,i+1) * tmp1(:,:,i);
    ddS2(:,:,i)= diag(h(:,i)) * L(:,:,i) * tmp2(:,:,i);
end

sum(sum(ddS1(:,:,:)))
sum(sum(ddS2(:,:,:)))

tmp1=zeros(900,30,2);
tmp2=zeros(900,30,2);
for i=1:30
    for j=1:30
        for k=1:2
            for hhhh=1:30
                tmp1((i-1) * 30+j,hhhh,k)= S((i-1) * 30+j,
hhhh,k+1) * dQ(hhhh,k) * pop(hhhh,k);
                tmp2((i-1) * 30+j,hhhh,k)= S((i-1) * 30+j,
hhhh,k) * dQ(hhhh,k) * pop(hhhh,k+1);
            end
        end
    end
end

for i=1:2
    for j=1:30
        ddQ1(:,:,i)= diag(h(:,i+1)) * L(:,:,i+1) * tmp1(:,:,i);
        ddQ2(:,:,i)= diag(h(:,i)) * L(:,:,i) * tmp2(:,:,i);
    end
end
sum(sum(ddQ1))
```

```
sum(sum(ddQ2))

tmp1＝zeros(900,30,2);
tmp2＝zeros(900,30,2);
for i＝1:30
    for j＝1:30
        for k＝1:2
            for hhhh＝1:30
                tmp1((i−1) * 30＋j,hhhh,k)＝ S((i−1) * 30＋j,
hhhh,k＋1) * Q(hhhh,k＋1) * dpop(hhhh,k);
                tmp2((i−1) * 30＋j,hhhh,k)＝ S((i−1) * 30＋j,
hhhh,k) * Q(hhhh,k) * dpop(hhhh,k);
            end
        end
    end
end

for i＝1:2
    for j＝1:30
        ddpop1(:,:,i)＝ diag(h(:,i＋1)) * L(:,:,i＋1) * tmp1(:,:,i);
        ddpop2(:,:,i)＝ diag(h(:,i)) * L(:,:,i) * tmp2(:,:,i);
    end
end
sum(sum(ddpop1))
sum(sum(ddpop2))

ans1＝ddh1(:,1:30,1)＋ddL1(:,1:30,1)＋ddS1(:,1:30,1)＋ddQ1
(:,:,1)＋ ddpop1(:,:,1);
```

```
ans3=ddh2(:,1:30,1)+ddL2(:,1:30,1)+ddS2(:,1:30,1)+ddQ2
(:,:,1)+ ddpop2(:,:,1);
ans2=(ans1+ans3)/2;
ans4=Flow(:,:,2)-Flow(:,:,1);

sum(sum(ans2))
sum(sum(ans4))
sum(sum(Flow(:,:,1)))
sum(sum(emissions(:,2)-emissions(:,1)))

dmercury=zeros(8,900,30,2);
dmercury(1,:,:,:)=(ddO1(:,1:30,:)+ddO2(:,1:30,:))/2;
dmercury(2,:,:,:)=(ddM1(:,1:30,:)+ddM2(:,1:30,:))/2;
dmercury(3,:,:,:)=(ddT1(:,1:30,:)+ddT2(:,1:30,:))/2;
dmercury(4,:,:,:)=(ddL1(:,1:30,:)+ddL2(:,1:30,:))/2;
dmercury(5,:,:,:)=(ddS1(:,1:30,:)+ddS2(:,1:30,:))/2;
dmercury(6,:,:,:)=(ddQ1+ddQ2)/2;
dmercury(7,:,:,:)=(ddpop1+ddpop2)/2;
dmercury(8,:,:,1)=Flow(:,1:30,2)-Flow(:,1:30,1);
dmercury(8,:,:,2)=Flow(:,1:30,3)-Flow(:,1:30,2);
sum(sum(sum(dmercury)))

Dmercury=zeros(8,30,30,2);
for i=1:30
    Dmercury(:,i,:,:)=sum(dmercury(:,(i-1)*30+1:i*
30,:,:),2);
end
size(Dmercury)
sum(sum(sum(Dmercury)))
```

```
SDA11＝zeros(8,2);
for i＝1:8
    for j＝1:2
    SDA11(i,j)＝sum(sum(Dmercury(i,:,:,j)));
    end
end


SDA22＝zeros(8,30,2);
for i＝1:8
    for j＝1:30
        for k＝1:2
            SDA22(i,j,k)＝sum(Dmercury(i,:,j,k));
        end
    end
end
SDA221＝SDA22(:,:,1);
SDA222＝SDA22(:,:,2);


SDA33＝zeros(8,30,2);
for i＝1:8
    for j＝1:30
        for k＝1:2
            SDA33(i,j,k)＝sum(Dmercury(i,j,:,k));
        end
    end
end
SDA331＝SDA33(:,:,1);
SDA332＝SDA33(:,:,2);
save SDA_total.mat SDA11 SDA221 SDA222 SDA331 SDA332
```